스스로 알아서 하는

계산편

하루
10분수학

④ 단계
2학년 2학기 과정

하루10분수학(계산편)의 소개

스스로 알아서 하는 하루10분수학으로 공부에 자신감을 가지자 ! ! !
스스로 공부 할 줄 아는 학생이 공부를 잘하게 됩니다.
책상에 앉으면 제일 처음 '하루10분수학'을 펴서 공부해 보세요.
기본적인 수학의 개념과 계산력 훈련은 집중력을 늘리게 되고
이 자신감으로 다른 학습도 하고 싶은 마음이 생길 것입니다.
매일매일 스스로 책상에 앉아서 연습하고 이어서 할 것을 계획하는 버릇이 생기면
비로소 자기주도학습이 몸에 배게 됩니다.

하루10분수학(계산편)의 활용

1. 아침 학교 가기 전 집에서 하루를 준비하세요.
2. 등교 후 1교시 수업 전 학교에서 풀고, 수업 준비를 완료하세요.
3. 하교 후 정한 시간에 책상에 앉고 제일 처음 이 교재를 학습하세요.

하루10분수학은 수학의 개념/원리 부분을 스스로 익혀
학교와 학원의 수업에서 이해가 빨리 되도록 돕고, 생각을 더 많이 할 수 있게 해 주는 교재입니다.
'1페이지 10분 100일 +8일 과정' 혹은 '5페이지 20일 속성 과정'으로 이용하도록 구성되어 있습니다.
본문의 오랜지색과 검정색의 조화는 기분을 좋게하고, 집중력을 높이데 많은 도움이 됩니다.

화이팅!!

나는　　　　　　　　　　(하)고　　　　　　　　　　　　　한

　　　　　　　　　　　　　　　　　　　　　　　　　(이)가 될거예요!

공부의 목표

예체능의 목표

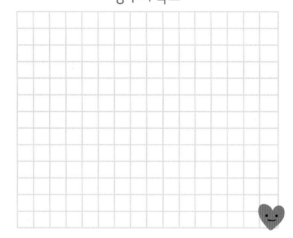

생활의 목표

건강의 목표

나의 목표를 꼼꼼히 세우고, 목표를 달성하기위해 노력해요^^

💜 공부의 목표를 달성하기 위해

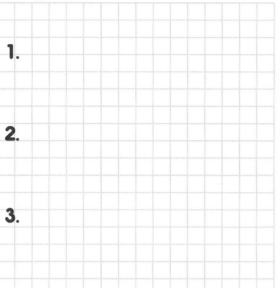

1.

2.

3.

할거예요.

🍎 예체능의 목표를 달성하기 위해

1.

2.

3.

할거예요.

🌲 생활의 목표를 달성하기 위해

1.

2.

3.

할거예요.

🐤 건강의 목표를 달성하기 위해

1.

2.

3.

할거예요.

 나의 목표를 꼼꼼히 세우고, 목표를 달성하기위해 노력해요^^

HAPPY 꿈을 향한 나의 일정표

월

SUN	MON	TUE	WED	THU	FRI	SAT

메모 하세요!

월

SUN	MON	TUE	WED	THU	FRI	SAT

메모 하세요!

SMILE

꿈을 향한 나의 일정표

화이팅!!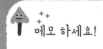

이달의일정표를 작성해 보세요!

 월

SUN	MON	TUE	WED	THU	FRI	SAT

메모 하세요!

-
-
-
-

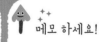 월

SUN	MON	TUE	WED	THU	FRI	SAT

메모 하세요!

-
-
-
-

1일 10분 100일 / 1일 50분 1개월 과정

※ 문제를 풀고난 후 틀린 점수를 적고 약한 부분을 확인하세요.

특별부록 : 총정리 문제 8회분 수록

하루10분수학(계산편)의 구성

1. 오늘 공부할 제목을 읽습니다.

2. 개념부분을 가능한 소리내어 읽으면서 이해합니다.

4. 다 풀었으면, 걸린시간을 적습니다.
정확히 풀다보면 빨라져요!!!
시간은 참고만^^

1 수 3개의 계산 (2)

소리내어
읽기

4 + 1 − 3 의 계산

사과 4개에서 사과 1개를 더하면 사과 5개가 되고,
5개에서 3개를 빼면 사과는 2개가 됩니다.
이 것을 식으로 4+1−3=2 이라고 씁니다.

4+1−3의 계산은 처음 두개 4+1을 먼저 계산하고, 그 값에
뒤에 있는 −3를 계산하면 됩니다.

월   일
분   초

12 문제중
문제
맞혔기!

$$4 \;+\; 1 \;-\; 3 \;=\; 2$$
$$5$$
$$2$$

※ 여러 개의 식이 붙어 있으면, 처음부터 한개 한개 계산합니다.

5. 스스로 답을 맞히고, 점수를 써 넣습니다.
틀린 문제는 다시 풀어봅니다.

소리내어
풀기

위의 내용을 생각해서 아래의 □에 알맞은 수를 적으세요.

3. 개념부분을 참고하여 가능한 소리내어 읽으며 문제를 풉니다.
시작하기전 시계로 시간을 잽니다.

1 2 + 2 − 1 = □
   4
   3

5 2 + 3 − 3 = □

9 5 + 2 − 6 = □

2 4 + 3 − 5 = □

6 5 + 2 − 4 = □

10 3 + 4 − 5 = □

3 5 + 4 − 2 = □

7 4 + 1 − 2 = □

11 1 + 6 − 3 = □

4 3 + 0 − 3 = □

8 8 + 1 − 0 = □

12 4 + 6 − 4 = □

이어서 나는는 □을(를) 공부/연습할거야!!   05

6. 모두 끝났으면,
   이어서 공부나 연습할 것을
   스스로 정하고 실천합니다.

tip 교재를 완전히 펴서 사용해도 잘 뜯어지지 않습니다.

공부하는 습관 !

하루 10분 수학

배울 내용

4 단계

2학년 **2**학기 과정

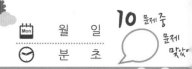
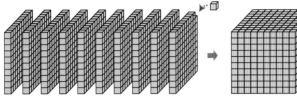
01 천, 몇천

999보다 1 큰 수 1000 (천)

999보다 1 큰 수는 1000 입니다.
1000은 천이라고 읽습니다.
10개씩 100묶음 , 100개씩 10묶음 입니다.

쓰기	읽기
1000	천

1000이 2이면 2000(이천), 3이면 3000(삼천)

1000개가 2개 있으면 2000이고, 이천이라고 읽습니다.
1000개가 3개 있으면 3000이고, 삼천이라고 읽습니다.
1000개가 9개 있으면 9000이고, 구천이라고 읽습니다.

1000의 수	1	2	3	4	...	9
쓰기	1000	2000	3000	4000	...	9000
읽기	천	이천	삼천	사천	...	구천

아래의 ☐ 에 들어갈 알맞은 수나 글을 적으세요.

01. 999보다 1 크거나, 1001보다 ☐ 작은 수를
☐ 이라 쓰고, ☐ 이라 읽습니다.

02. 990보다 10 크거나, 1010보다 ☐ 작은 수를
☐ 이라 쓰고, ☐ 이라 읽습니다.

03. 1000은 900 보다 ☐ 크고,
800 보다 ☐ 큰 수입니다.

04. 1000은 1100 보다 ☐ 작고,
1200 보다 ☐ 작습니다.

05. 1000은 1350 보다 ☐ 작고,
980 보다 ☐ 큽니다.

06. 1000이 3개 있으면
☐ 이라 쓰고, ☐ 이라 읽습니다.

07. 1000이 8개 있으면
☐ 이라 쓰고, ☐ 이라 읽습니다.

08.  1000원짜리 지폐 4장은
☐ 원 입니다.

09. 1000원짜리 지폐가 5장 있으면 ☐ 원입니다.
1000원짜리 지폐가 7장 있으면 ☐ 원입니다.

10. 6000원은 1000원짜리 지폐가 ☐ 장 있어야 하고,
9000원은 1000원짜리 지폐가 ☐ 장 있어야 합니다

※ 지폐 (종이 지, 화폐 폐) : 종이로 만든 돈

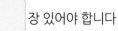

02 천의 자리

2346은 이천삼백사십육이라고 읽습니다.

2346에서 **2** : 천의 자리 수이고, **2000**을 나타냅니다.
　　　　　3 : 백의 자리 수이고, **300**을 나타냅니다.
　　　　　4 : 십의 자리 수이고, **40**을 나타냅니다.
　　　　　6 : 일의 자리 수이고, **6**을 나타냅니다.

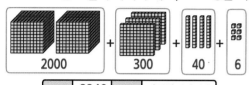

2000 + 300 + 40 + 6

| 쓰기 | 2346 | 읽기 | 이천삼백사십육 |

천의 자리와 네자리수

천 백 십 일
2 3 4 6

한자리수	숫자 1개인 수	1 ~ 9
두자리수	숫자 2개인 수	10 ~ 99
세자리수	숫자 3개인 수	100 ~ 999
네자리수	숫자 4개인 수	1000 ~ 9999

일의 자리 : 낱개의 수를 적는 자리
십의 자리 : 10개씩 묶음 수를 적는 자리
백의 자리 : 100개씩 묶음 수를 적는 자리
천의 자리 : 1000개씩 묶음 수를 적는 자리

아래의 ☐에 들어갈 알맞은 수나 글을 적으세요.

01. 5243은 1000개 묶음 ☐ 개,

　　　　　　100개 묶음 ☐ 개,

　　　　　　10개 묶음 ☐ 개,

　　　　　　1개 묶음 ☐ 개인 수이고,

　　　　　　_____ 이라고 읽습니다.

02. 1000개 묶음 **7** 개,

　　　100개 묶음 **1** 개,

　　　10개 묶음 **5** 개

　　　1개 묶음 **4** 개인 수는 ☐ 이고,

　　　　　　_____ 이라고 읽습니다.

03. 3576의 3은 ☐ 의 자리 수이고, ☐ 을 나타내고,

　　　　5는 ☐ 의 자리 수이고, ☐ 을 나타내고,

　　　　7은 ☐ 의 자리 수이고, ☐ 을 나타내고,

　　　　6은 ☐ 의 자리 수이고, ☐ 을 나타내고,

　　　　　　_____ 이라고 읽습니다.

04. **천**의 자리 수가 **8**이고, **백**의 자리 수가 **9**이고,

　　십의 자리 수가 **0**이고, **일**의 자리 수가 **7**인 수는

　　☐ 이고, _____ 라고 읽습니다.

05. **한**자리 수에서 가장 작은 수는 ☐ 이고,

　　가장 큰 수는 ☐ 입니다.

06. **두**자리 수에서 가장 작은 수는 ☐ 이고,

　　가장 큰 수는 ☐ 입니다.

07. **세**자리 수에서 가장 작은 수는 ☐ 이고,

　　가장 큰 수는 ☐ 입니다.

08. **네**자리 수에서 가장 작은 수는 ☐ 이고,

　　가장 큰 수는 ☐ 입니다.

소리내어 읽기

① 천의 자리 숫자가 큰 수가 더 큽니다.

| 5 | 4 | 2 | 7 | > | 3 | 1 | 9 | 8 |
5 > 3

② 백의 자리 숫자가 큰 수가 더 큽니다.

| 5 | 4 | 2 | 7 | > | 5 | 2 | 9 | 8 |
4 > 2

③ 십의 자리 숫자가 큰 수가 더 큽니다.

| 5 | 4 | 2 | 7 | > | 5 | 4 | 1 | 8 |
2 > 1

④ 일의 자리 숫자가 큰 수가 더 큽니다.

| 5 | 4 | 2 | 7 | > | 5 | 4 | 2 | 0 |
7 > 0

자릿수가 다르면
자릿수가 많은 수가
큰 수이고, (네 자리수 > 세 자리수)

자릿수가 같으면
천의 자리, 백의 자리, 십의 자리,
일의 자리 순서로
크기를 비교합니다.

소리내어 풀기

두 수의 크기를 보기와 같이 풀고, 더 큰 수에 색을 칠하세요.   ※ >, < 는 더 큰 수를 보고 입을 벌립니다.

보기
| 4238 | 7231 |
천의 자리 4 < 7

01.
| 3829 | 3614 |
백의 자리 8 ◯ 6

02.
| 1234 | 1243 |
십의 자리 3 ◯ 4

03.
| 2517 | 2516 |
일의 자리 7 ◯ 6

04.
| 1078 | 999 |
천의 자리 1 ◯ 0
네 자리수 ◯ 세 자리수

05.
| 1594 | 3526 |
___의 자리 ___◯___

06.
| 4548 | 4250 |
___의 자리 ___◯___

07.
| 7026 | 7056 |
___의 자리 ___◯___

08.
| 3156 | 3157 |
___의 자리 ___◯___

09.
| 8520 | 867 |
___의 자리 ___◯___

10.
| 6526 | 6327 |
___의 자리 ___◯___

11.
| 5474 | 5481 |
___의 자리 ___◯___

12.
| 4759 | 8520 |
___의 자리 ___◯___

13.
| 3697 | 1698 |
___의 자리 ___◯___

14.
| 2003 | 2005 |
___의 자리 ___◯___

04 네 자리수 만들기

Mon 월 일
🕐 분 초

8 문제 중
____문제
맞았어!

2, 4, 6, 9 로 네 자리수 만들기

① 가장 큰 수는 큰 수부터 앞에 늘어놓습니다.

9	6	4	2

백의 자리부터 수를 만듭니다.

② 가장 작은 수는 작은 수부터 앞에 늘어놓습니다.

2	4	6	9

수의 크기는 백의 자리부터 결정되므로 백의 자리수부터 만듭니다.

0, 1, 3, 5 로 네 자리수 만들기

① 가장 큰 수는 큰 수부터 앞에 늘어놓습니다.

5	3	1	0

② 가장 작은 수는 작은 수부터 앞에 늘어놓습니다.

1	0	3	5

0이 천의 자리에 오면 세 자리수가 되기 때문에 0은 제일 앞에 올 수 없습니다. 0135 → 세자리수

보기와 같이, 아래의 수를 한 번만 사용하여 네 자리수를 만드세요.

보기

4	5	0	8

가장 큰 수 *8540*

가장 작은 수 *4058*

0을 뺀 수 중 가장 작은 수를 백의 자리에 놓습니다.
0을 십의 자리(두번째)에 놓습니다.

01.

3	1	2	7

가장 큰 수

가장 작은 수

02.

5	0	4	6

가장 큰 수

가장 작은 수

03.

2	1	6	7

가장 큰 수

가장 작은 수

04.

9	0	3	5

가장 큰 수

가장 작은 수

05.

0	8	2	5

가장 큰 수

가장 작은 수

06.

1	3	5	7	9

가장 큰 수

가장 작은 수

07.

0	2	4	6	8

가장 큰 수

가장 작은 수

08.

3	5	0	1	8

가장 큰 수

가장 작은 수

≪ 네 자리수의 비밀번호나 자물쇠 번호를 설정할 때는 0(영)을 제일 앞에 놓아도 되지만, 원래 0135는 135이므로 세 자리수입니다.

이어서 나는 _____을(를) 공부/연습할거야!!

05 네 자리수의 위치

 100부터 10000까지 100씩 뛰어 세기 한 표에 빈칸을 채우고 , 물음에 답하세요.

위

100	200		400		600		800	900	
	1200	1300	1400		1600	1700		1900	
2100		2300	2400			2700	2800		
3100	3200		3400		3600		3800	3900	
4100	4200	4300			4600	4700		4900	
	6200	6300	6400		6600	6700	6800		
7100		7300	7400		7600	7700		7900	
8100	8200		8400		8600		8800	8900	
9100	9200	9300				9700	9800	9900	10000

앞   뒤

아래

01. 백의 자리수가 **2**인 수에 ○표 하고, 천의 자리수가 **7**인 수에 △ 표시를 하세요.

02. 어떤 수에서 뒤로 **1**칸을 가면 **100**이 커집니다. 앞로 **1**칸을 가면 [   ]이 작아 집니다.

03. 어떤 수에서 아래로 **1**칸을 가면 **1000**이 커집니다. 위로 **1**칸을 가면 [   ]이 작아 집니다.

확인 （틀린 문제의 수를 적고, 약한 부분을 보충하세요.）

회차	틀린문제수
01 회	문제
02 회	문제
03 회	문제
04 회	문제
05 회	문제

오답노트 （앞에서 틀린 문제나 기억하고 싶은 문제를 적습니다.）

회	번
문제	풀이

회	번
문제	풀이

회	번
문제	풀이

회	번
문제	풀이

회	번
문제	풀이

생각해보기 （배운 내용이 모두 이해 되었나요?）

■ 모두 이해하고 자신있다. → 다음 회로 넘어 갑니다.

■ 1~2문제 틀릴 수는 있겠지만 거의 이해한다.
　→ 개념부분을 한번 더 읽고 다음 회로 넘어 갑니다.

■ 잘 모르는 것 같다.
　→ 개념부분과 틀린문제를 한번 더 보고 다음 회로 넘어 갑니다.

소리내 읽기

1000씩 **뛰어 세기**는 **천**의 자리의 숫자가 **1**씩 커집니다.

| 1000 | 2000 | 3000 | 4000 | 5000 |

10씩 **뛰어 세기**는 **십**의 자리의 숫자가 **1**씩 커집니다.

| 1210 | 1220 | 1230 | 1240 | 1250 |

100씩 **뛰어 세기**는 **백**의 자리의 숫자가 **1**씩 커집니다.

| 1100 | 1200 | 1300 | 1400 | 1500 |

1씩 **뛰어 세기**는 **일**의 자리의 숫자가 **1**씩 커집니다.

| 1211 | 1212 | 1213 | 1214 | 1215 |

소리내 풀기

아래에 적혀있는 대로 뛰어 세기를 해보세요.

01. 5000부터 **1**씩 뛰어 세기

5000 – *5001* – ☐ – ☐ – ☐

02. 5004부터 **10**씩 뛰어 세기

5004 – ☐ – ☐ – ☐ – ☐

03. 5044부터 **100**씩 뛰어 세기

5044 – ☐ – ☐ – ☐ – ☐

04. 5444부터 **1000**씩 뛰어 세기

5444 – ☐ – ☐ – ☐ – ☐

05. 4237부터 **1**씩 뛰어 세기

4237 – ☐ – ☐ – ☐ – ☐

06. 2173부터 **10**씩 뛰어 세기

2173 – ☐ – ☐ – ☐ – ☐

07. 3726부터 **100**씩 뛰어 세기

3726 – ☐ – ☐ – ☐ – ☐

08. 5621부터 **2**씩 뛰어 세기

5621 – ☐ – ☐ – ☐ – ☐

09. 5621부터 **20**씩 뛰어 세기

5621 – ☐ – ☐ – ☐ – ☐

10. 9997부터 **1**씩 뛰어 세기

9997 – ☐ – ☐ – ☐ – ☐

※ 9999보다 1 큰 수는 10000 이라고 쓰고,
만이라고 읽습니다.

아래의 표는 10부터 1000까지 10씩 뛰어 세기를 한 '수 배열표' 입니다.

위

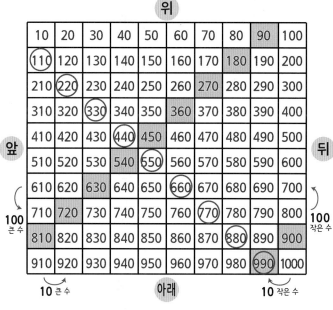

앞

뒤

100
큰 수

100
작은 수

10 큰 수   아래   10 작은 수

01. 위의 표에서 오른쪽으로 갈수록 10씩 커지므로
10씩 뛰어 세기를 한 것입니다.

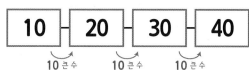

10 — 20 — 30 — 40

10 큰 수   10 큰 수   10 큰 수

02. 위의 표에서 아래쪽으로 갈수록 100씩 커지므로
100씩 뛰어 세기를 한 것입니다.

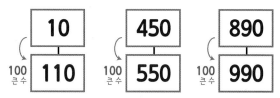

10		450		890

100
큰 수
110

100
큰 수
550

100
큰 수
990

03. 위의 표에서 숫자 90에서 앞쪽 아래로 갈수록 90씩
커지므로 90씩 뛰어 세기를 한 것입니다.

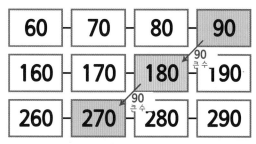

60 — 70 — 80 — 90
160 — 170 — 180 — 190
260 — 270 — 280 — 290

90 큰 수

90 큰 수

04. 옆의 표에서 숫자 10에서 뒤쪽 아래로 갈수록 110씩
커지므로 110씩 뛰어 세기를 한 것입니다.

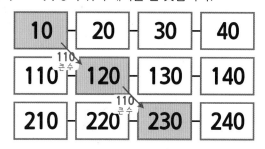

10 — 20 — 30 — 40
110 — 120 — 130 — 140
210 — 220 — 230 — 240

110 큰 수
110 큰 수

05. □씩 뛰어 세기를 하면 □씩 커집니다.
5씩 뛰어 세기를 하면 5씩 커집니다.

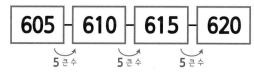

605 — 610 — 615 — 620

5 큰 수   5 큰 수   5 큰 수

빈칸을 채우고, 수들의 규칙을 찾으세요.

01.

	230	240	250	

____ 부터 ____ 씩 뛰어 세기

02.

482	582	682		

____ 부터 ____ 씩 뛰어 세기

03.

		373	374	375

____ 부터 ____ 씩 뛰어 세기

소리내 풀기

1000부터 9999까지 수를 생각해서 아래의 물음에 답하세요.

01. 아래의 숫자를 숫자로 적어 보세요.

이천삼백 (   )   오천육백이십 (   )

사천칠백십 (   )   칠천사백이십삼 (   )

육천구백오 (   )   구천사 (   )

02. 아래의 숫자를 한글로 적으세요.

8246 (   )

2008 (   )   3100 (   )

5010 (   )   7204 (   )

03. 아래의 물음에 해당하는 숫자를 적으세요.

1000개 묶음이 5개, 100개 묶음이 8개이고,

10개 묶음이 2개이고, 낱개가 9인 수 (   )

1000의 자리가 9, 100의 자리가 1, 10의 자리가 3,

1의 자리가 4인 수 (   )

04. 아래의 물음에 해당하는 숫자를 적으세요.

3999보다 1 큰 수 (   )

6000보다 10 작은 수 (   )

7928보다 100 큰 수 (   )

8027보다 100 작은 수 (   )

05. 수를 비교하여 빈칸에 적으세요.

| 2354 | 2345 |

더 큰 수 [   ]

더 작은 수 [   ]

| 7262 | 6363 | 918 |

가장 큰 수 [   ]

가장 작은 수 [   ]

| 3076 | 2999 |

더 큰 수 [   ]

더 작은 수 [   ]

| 7812 | 7832 | 8731 |

가장 큰 수 [   ]

가장 작은 수 [   ]

06. 규칙에 맞도록 빈칸에 알맞은 수를 써넣으세요.

[   ] - 4030 - 4040 - 4050 - [   ]

2996 - 2997 - 2998 - [   ] - [   ]

4732 - 5732 - [   ] - 7732 - [   ]

[   ] - [   ] - 5012 - 5022 - 5032

[   ] - [   ] - 8001 - 8002 - 8003

09 얼마일까요?

1000원 1장, 100원 2개, 10원 3개는 1230원입니다.

천원
이백원
삼십원

1000원 1장 =	1000원
100원 2개 =	200원
+ 10원 3개 =	30원
	1230원

천이백삼십원

50원 2개면 100원, 500원 2개면 1000원입니다.

10원 동전이 10개 있으면　　100원이고,
100원 동전이 10개 있으면　　1000원이고,
1000원 지폐가 10개 있으면 10000원입니다.

1000원 = 100원 동전 10개
　　　　= 10원 동전 100개

10원 동전　　1개 ┈┈▶ 10원
10원 동전　10개 ┈┈▶ 100원
10원 동전　99개 ┈┈▶ 990원
10원 동전 100개 ┈┈▶ 1000원

아래에 있는 돈은 모두 얼마인지 ☐ 에 적으세요.

01. 10원 동전 7개는 ☐ 원입니다.

02. 100원 동전 5개는 ☐ 원입니다.

03. 1000원 지폐 4장은 ☐ 원입니다.

04. 1000원 지폐 4장, 100원 동전 5개, 10원 동전 7개는

☐ 원이라 쓰고, ＿＿＿＿＿＿＿ 원

이라고 읽습니다.

06. 1000원 지폐 3장, 100원 동전 4개, 10원 동전 6개는

☐ 원이라 쓰고, ＿＿＿＿＿＿＿ 원

이라고 읽습니다.

07.

위의 돈은 모두 ☐ 원이고,

＿＿＿＿＿＿＿ 원이라고 읽습니다.

※ 50원 동전은 2개가 모일때 마다 100원이 되고,
　500원 동전은 2개가 모일때 마다 1000원이 됩니다.

10 네 자리수 (생각문제)

문제) 올림픽은 **4**년마다 열립니다. **1980**년에 **22**회 대회를 열렸다면, **24**회 대회는 몇 년도에 열렸을까요?

풀이) 22회 대회 = 1980년

4년에 한번씩 열리는 것은 4씩 뛰어 세기 한 것과 같으므로

23회 대회 = 1980년+4년=1984년이고,

24회 대회 = 1984년+4년=1988년에 열렸습니다.

식) 1980년+8년 답) 1988년

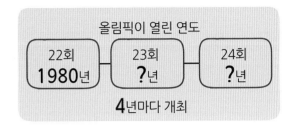

올림픽이 열린 연도

| 22회 1980년 | 23회 ?년 | 24회 ?년 |

4년마다 개최

아래의 문제를 풀어보세요.

01. 하루에 **1000**원씩 용돈을 받기로 했습니다. 오늘부터 안쓰고 **3**일 동안 모으면 얼마가 모일까요?

풀이) 하루 용돈 = [   ] 원

하루에 받는 용돈만큼 뛰어 세기한 것과 같으므로,

[   ] [   ] [   ] 와 같습니다.

그래서 [   ] 원을 모을 수 있습니다.

답) [   ] 원

02. 내가 지금까지 읽은 책은 모두 **1032**권을 읽었습니다. 일주일에 **10**권씩 읽기로 하고, **2**주가 지나면 내가 읽은 책은 모두 몇권이 될까요?

풀이) 지금까지 읽은 책 수 = [   ] 권

[   ] 권씩 [   ] 주일 동안 읽는 것은

[   ] 씩 [   ] 번 뛰어 세기하는 것과 같습니다.

[   ] [   ] [   ] 이므로

답은 [   ] 권 입니다. 답) [   ] 권

03. 내가 가진 돈은 **100**원 동전 **5**개와 **1000**원 지폐 **2**장이 있습니다. 내가 가지고 있는 돈은 얼마일까요?

(풀이 2점
답 1점)

풀이)

답) [   ] 원

04. 내가 문제를 만들어 풀어 봅니다. (네 자리수의 뛰어세기, 가지고 있는 돈)

(문제 3점
답 2점)

풀이)

답) _____

확인 (틀린 문제의 수를 적고, 약한 부분을 보충하세요.)

회차	틀린문제수
06 회	문제
07 회	문제
08 회	문제
09 회	문제
10 회	문제

오답노트 (앞에서 틀린 문제나 기억하고 싶은 문제를 적습니다.)

회	번
문제	풀이

회	번
문제	풀이

회	번
문제	풀이

회	번
문제	풀이

회	번
문제	풀이

생각해보기 (배운 내용이 모두 이해 되었나요?)

■ 모두 이해하고 자신있다. → 다음 회로 넘어 갑니다.

■ 1~2문제 틀릴 수는 있겠지만 거의 이해한다.
→ 개념부분을 한번 더 읽고 다음 회로 넘어 갑니다.

■ 잘 모르는 것 같다.
→ 개념부분과 틀린문제를 한번 더 보고 다음 회로 넘어 갑니다.

 아래 식을 계산하여 값을 적으세요.

01. $23 + 5 =$

02. $32 + 4 =$

03. $54 + 6 =$

04. $40 + 2 =$

05. $16 + 8 =$

06. $67 + 9 =$

07. $75 + 7 =$

08. $45 + 23 =$

09. $34 + 10 =$

10. $52 + 37 =$

11. $63 + 15 =$

12. $16 + 23 =$

13. $44 + 54 =$

14. $20 + 42 =$

15. $27 + 33 =$

16. $48 + 49 =$

17. $17 + 25 =$

18. $42 + 16 =$

19. $24 + 37 =$

20. $35 + 28 =$

21. $16 + 14 =$

 제일 앞의 수와 제일 위의 수를 더해서 빈칸에 적으세요.

01.

+	10	20	30
21	21 + 10 = *31*	21 + 20 =	21 + 30 =
44	44 + 10 =	44 + 20 =	44 + 30 =
65	65 + 10 =	65 + 20 =	65 + 30 =

03.

+	4	9	5
48			
76			
35			

02.

+	21	35	47
13			
37			
29			

04.

+	17	46	28
32			
45			
26			

13 뺄셈 연습 (1)

소리내 풀기

아래 식을 계산하여 값을 적으세요.

01. 14 − 2 =

02. 35 − 4 =

03. 29 − 3 =

04. 57 − 8 =

05. 78 − 9 =

06. 95 − 7 =

07. 67 − 8 =

08. 34 − 12 =

09. 58 − 25 =

10. 42 − 21 =

11. 65 − 43 =

12. 73 − 30 =

13. 97 − 54 =

14. 89 − 26 =

15. 32 − 17 =

16. 74 − 39 =

17. 41 − 24 =

18. 93 − 85 =

19. 55 − 46 =

20. 86 − 58 =

21. 63 − 29 =

14 뺄셈 연습 (2)

제일 앞의 수와 제일 위의 수를 빼서 빈칸에 적으세요.

01.

−	10	20	30
49	49 − 10 = → *39*	49 − 20 =	49 − 30 =
74	74 − 10 =	74 − 20 =	74 − 30 =
58	58 − 10 =	58 − 20 =	58 − 30 =

03.

−	1	3	5
23			
61			
45			

02.

−	10	30	50
63			
96			
84			

04.

−	17	34	58
74			
92			
86			

15 수 3개의 계산 (생각문제)

문제) 윗마을과 아랫마을에 사는 사람의 수는 같습니다. 윗마을에는 남자가 **42**명, 여자가 **39**명이 살고 있습니다. 아랫마을에 여자가 **45**명 산다면, 남자는 몇 명이 살고 있을까요?

풀이) 윗마을 사람 수 = 남자 수 + 여자 수 = **42+39 = 81**명

아랫마을 사람 수도 **81**명이므로

아랫마을에 사는 남자 수 = 아랫마을에 사는 사람수 − 아랫마을 여자수

= **81−45 = 36**명 입니다.

식) **42+39−45**   답) **36**명

윗마을		아랫마을
남자 42명 여자 39명	=	남자 ? 명 여자 45명

※ 간단 풀이 : 여자가 6명 많으므로 남자는 6명 이 적습니다. 그래서 42−6=36명이 됩니다.

 아래의 문제를 풀어보세요.

01. 노란 색종이 **24**장, 파란 색종이 **15**장, 빨간 색종이 **16**장이 있습니다. 노란, 파란, 빨간 종이는 모두 몇 장일까요?

풀이) 노란 색종이 ☐ 장, 파란 색종이 ☐ 장,

빨간 색종이 ☐ 장

전체 색종이 수 = 노란색 ☐ 파란색 ☐ 빨간

색 수이므로 식은 ☐ 이고

답은 ☐ 장 입니다.

식) ＿＿＿＿＿＿＿＿＿   답) ☐ 장

02. 냉장고에 밀감 **32**개가 있어서 **14**개를 먹었습니다. 오늘 밀감 **18**개를 더 사왔다면 지금은 밀감이 몇 개일까요?

풀이) 처음 밀감 수 ☐ 개, 먹은 밀감 수 ☐ 개,

사온 밀감 수 ☐ 개

지금 밀감 수 = 처음 수 ☐ 먹은 수 ☐ 사온 수

이므로 식은 ☐ 이고

답은 ☐ 개 입니다.

식) ＿＿＿＿＿＿＿＿＿   답) ☐ 개

03. 빵집에 가서 도넛 **19**개, 식빵 **30**개, 크림빵 **17**개를 사서 경로당에 드렸습니다. 모두 몇 개를 드렸을까요?

(식 2점 답 1점)

풀이)

식) ＿＿＿＿＿＿＿＿＿   답) ☐ 개

04. 내가 문제를 만들어 풀어 봅니다. (수 3개의 계산)

풀이)

(문제 2점 식 2점 답 1점)

식) ＿＿＿＿＿＿＿＿＿   답) ☐

확인 (틀린 문제의 수를 적고, 약한 부분을 보충하세요.)

회차	틀린문제수
11 회	문제
12 회	문제
13 회	문제
14 회	문제
15 회	문제

오답노트 (앞에서 틀린 문제나 기억하고 싶은 문제를 적습니다.)

회	번
문제	풀이

회	번
문제	풀이

회	번
문제	풀이

회	번
문제	풀이

회	번
문제	풀이

생각해보기 (배운 내용이 모두 이해되었나요?)

■ 모두 이해하고 자신있다. → 다음 회로 넘어 갑니다.

■ 1~2문제 틀릴 수는 있겠지만 거의 이해한다.
→ 개념정리를 한번 더 읽고 다음 회로 넘어 갑니다.

■ 잘 모르는 것 같다.
→ 개념부분과 틀린문제를 한번 더 보고 다음 회로 넘어 갑니다.

 ■씩 **묶어** 세기 ➡ ■씩 **뛰어** 세기

사탕이 3개씩 4줄 있습니다.

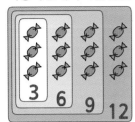

사탕 3개씩 묶어 세기
3 – 6 – 9 – 12

3씩 4번 뛰어 세기
3 – 6 – 9 – 12
4번

➡ 사탕은 모두 **12**개 있습니다.

■씩 ▲**묶음** ➡ ■를 ▲번 **더**하기

사탕이 3개씩 4줄 있습니다.

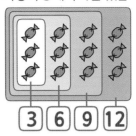

사탕 3개씩 묶어 세기
3 – 6 – 9 – 12

3을 4번 더하기
3+3+3+3 = 12
4번

➡ 사탕은 모두 **12**개 있습니다.

 위의 내용을 이해하고 아래의 그림을 보고 ☐ 에 들어갈 알맞은 수를 적으세요.

01.

사과가 2개씩 ☐ 줄 있습니다.

2개씩 묶어 세면 2 – 4 – 6 – ☐ 이고

2를 ☐ 번 더하면 ☐ + ☐ + ☐ + ☐

= ☐ 이므로 사과는 모두 ☐ 개 입니다.

03.

케이크가 4개씩 ☐ 묶음 있습니다.

4개씩 묶어 세면 ☐ – ☐ – ☐ – ☐ 이고

4를 ☐ 번 더하면 ☐ + ☐ + ☐ + ☐

= ☐ 이므로 케이크는 모두 ☐ 개 입니다.

02.

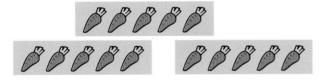

당근이 5개씩 ☐ 묶음 있습니다.

5개씩 뛰어 세면 ☐ – ☐ – ☐ 이고

5를 ☐ 번 더하면 ☐ + ☐ + ☐ = ☐

이므로 당근은 모두 ☐ 개 입니다.

04.

아이스크림이 6개씩 ☐ 줄 있습니다.

6개씩 뛰어 세면 ☐ – ☐ – ☐ 이고

6을 ☐ 번 더하면 ☐ + ☐ + ☐ = ☐

이므로 아이스크림은 모두 ☐ 개 입니다.

17 몇 배는 몇 곱하기

□씩 △묶음 → □의 △배

4개씩 3묶음 → 4의 3배

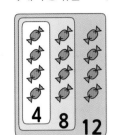

4 8 12

4씩 3묶음 입니다.

4씩 3묶음은 4의 3배입니다.

4의 3배는 4+4+4=12입니다.
↳ 덧셈식

12는 4의 3배입니다.

■의 ▲배 → ■×▲

4의 3배는 12입니다. → 4×3=12

4의 3배

곱셈식 : 4×3

읽기 : 4 곱하기 3

4의 3배는 12입니다.

곱셈식 : 4×3=12

읽기 : 4 곱하기 3은 12와 같습니다.

위의 내용을 이해하고 아래의 그림을 보고 빈칸에 들어갈 알맞은 수를 적으세요.

01.

수박

2개씩 4묶음은 2의 ☐ 배입니다.

뛰어 세기로는 ☐ ☐ ☐ ☐ 이고

덧셈식으로는 ☐ + ☐ + ☐ + ☐ = ☐ ,

곱셈식으로는 ☐ × ☐ = ☐ 입니다.

02.

치즈

3개씩 4묶음은 3의 ☐ 배입니다.

뛰어 세기로는 ☐ ☐ ☐ ☐ 이고

덧셈식으로는 ☐ + ☐ + ☐ + ☐ = ☐

곱셈식으로는 ☐ × ☐ = ☐ 입니다.

03.

도넛

5씩 3묶음은 5의 ☐ 배입니다.

뛰어 세기로는 _____ 이고

덧셈식으로는 _____ ,

곱셈식으로는 _____ 입니다.

04.

케이크

6씩 3묶음은 6의 ☐ 배입니다.

뛰어 세기로는 _____ 이고

덧셈식으로는 _____ ,

곱셈식으로는 _____ 입니다.

소리내 읽기

4씩 **3**묶음 → **4**씩 **3**번 뛰어 세기 → **4**의 **3**배
묶어 세기

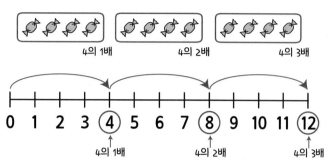

4의 1배   4의 2배   4의 3배

0 1 2 3 ④ 5 6 7 ⑧ 9 10 11 ⑫

4의 1배   4의 2배   4의 3배

4씩 3묶음
4의 3배
4 + 4 + 4

⬇

쓰기 : 4 × 3
읽기 : 4 곱하기 3

4씩 3묶음은 12입니다.
4의 3배는 12입니다.
4 + 4 + 4 = 12

⬇

4 × 3 = 12
4 곱하기 3은 12와 같습니다.

소리내 풀기

아래의 수직선을 보고 식으로 나타내 보세요.

01.

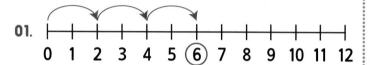

0 1 2 3 4 5 ⑥ 7 8 9 10 11 12

2개씩 **3**번 뛰어 세기하면 [ ] 입니다.

2의 **2**배는 [ ] 이고, **2**의 **3**배는 [ ] 입니다.

2의 **3**배의 값을 구하는 덧셈식은 _____ = ___ 이고,

곱셈식으로는 _____ = ___ 입니다.

02.

0 1 2 3 4 5 6 7 8 9 10 11 ⑫
치즈

6씩 **2**번 뛰어 세기하면 [ ] 입니다.

6의 **1**배는 [ ] 이고, **6**의 **2**배는 [ ] 입니다.

6의 **2**배의 값을 구하는 덧셈식은 _____ = ___ 이고,

곱셈식으로는 _____ = ___ 입니다.

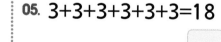
소리내 풀기

덧셈식은 곱셈식으로, 곱셈식은 덧셈식으로 바꾸세요

03. 5+5+5=15 ➡ 5 × [ ] = [ ]

04. 4+4+4+4+4=20

➡ [ ] × [ ] = [ ]

05. 3+3+3+3+3+3=18

➡ [ ] × [ ] = [ ]

06. 7 × 4 =28

➡ _____ = [ ]

07. 2 × 5 =10

➡ _____ = [ ]

※ 수학은 복잡한 문제를 단순하게 바꾸는 것을 연습하는 과목입니다. 몇 번 더하는 것보다 한번 곱하는게 편하겠죠!!!

묶는 방법에 따라 여러가지 곱셈식으로 나타낼 수 있습니다.

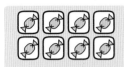
1개씩 8묶음
$1 \times 8 = 8$

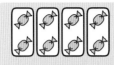
2개씩 4묶음
$2 \times 4 = 8$

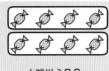
4개씩 2묶음
$4 \times 2 = 8$

8개씩 1묶음
$8 \times 1 = 8$

아래의 그림을 식으로 나타내 보세요.

01. 3개씩 더하는 덧셈식을 만들어 보세요.

☐ + ☐ + ☐ + ☐ = ☐

02. 4개씩 더하는 덧셈식을 만들어 보세요.

☐ + ☐ + ☐ = ☐

03. 6개씩 더하는 덧셈식을 만들어 보세요.

☐ + ☐ = ☐

04. 3개씩 곱하는 곱셈식을 만들어 보세요.

☐ × ☐ = ☐

05. 4개씩 곱하는 곱셈식을 만들어 보세요.

☐ × ☐ = ☐

06. 6개씩 곱하는 곱셈식을 만들어 보세요.

☐ × ☐ = ☐

07. 2개씩 곱하는 곱셈식을 만들어 보세요.

☐ × ☐ = ☐

그림을 보고 빈칸에 알맞은 수를 적으세요.

08. 3개씩 더하는 덧셈식을 만들어 보세요.

----

09. 6개씩 더하는 덧셈식을 만들어 보세요.

----

10. 9개씩 더하는 덧셈식을 만들어 보세요.

----

11. 3개씩 곱하는 곱셈식을 만들어 보세요.

----

12. 6개씩 곱하는 곱셈식을 만들어 보세요.

----

13. 9개씩 곱하는 곱셈식을 만들어 보세요.

20 곱하기 (생각문제1)

 문제) 두발 자전거가 **5**대 있습니다. 바퀴가 모두 몇 개인지 구하는 곱셈식을 만들고, 값을 구하세요.

풀이) 두발 자전거의 바퀴 수 = **2**　자전거 수 = **5**

전체 바퀴수 = 두발 자전거의 바퀴수 x 자전거 수

이므로 식은 **2×5**이고 값은 **10**개 입니다.

따라서 바퀴는 모두 **10**개 입니다.

식) $2×5$　답) **10**개

 아래의 문제를 풀어보세요.

01. 우리 식구는 **6**명입니다. 엄마가 저녁 차리를 것을 도와드릴려고 합니다. 젓가락은 몇 개 있어야 할까요?

풀이) 젓가락 1짝이 되려면 필요한 수 = ☐ 개

사람 수 = ☐ 명

필요한 젓가락 수 = 1짝의 수 ☐ 사람 수이므로

식은 ☐ 이고

답은 ☐ 개 입니다.

식) _____　답) ☐ 개

02. 우리 반은 **5**명씩 **4**모둠으로 이루워져 있습니다. 우리 반은 모두 몇 명일까요?

풀이) 한 모둠의 사람 수 = ☐ 명, 모둠 수 = ☐ 모둠

전체 사람 수 = 한 모둠 사람 수 ☐ 모둠 수이므로

식은 ☐ 이고

답은 ☐ 명 입니다.

식) _____　답) ☐ 명

03. 구운달걀이 **4**개씩 묶여 있습니다. **3**묶음을 사면 달걀은 모두 몇 개일까요?

(식 2점
답 1점)

풀이)

식) _____　답) ☐ 개

04. 내가 문제를 만들어 풀어 봅니다. (곱하기)

문제 2점
(식 2점
답 1점)

풀이)

식) _____　답) _____

확인 (틀린 문제의 수를 적고, 약한 부분을 보충하세요.)

회차	틀린문제수
16 회	문제
17 회	문제
18 회	문제
19 회	문제
20 회	문제

오답노트 (앞에서 틀린 문제나 기억하고 싶은 문제를 적습니다.)

회	번
문제	풀이

회	번
문제	풀이

회	번
문제	풀이

회	번
문제	풀이

회	번
문제	풀이

생각해보기 (배운 내용이 모두 이해 되었나요?)

■ 모두 이해하고 자신있다. → 다음 회로 넘어 갑니다.

■ 1~2문제 틀릴 수는 있겠지만 거의 이해한다.

→ 개념부분을 한번 더 읽고 다음 회로 넘어 갑니다.

■ 잘 모르는 것 같다.

→ 개념부분과 틀린문제를 한번 더 보고 다음 회로 넘어 갑니다.

21 곱셈구구 (2단)

월 일
분 초

14 문제 중
문제
맞음

 소리내어 읽기 소리 내어 10번 읽어 보세요.
(지금 외우도록 합니다)

[2단]

$2 \times 1 = 2$
이일은 이) +2

$2 \times 2 = 4$
이이는 사) +2

$2 \times 3 = 6$
이삼은 육) +2

$2 \times 4 = 8$
이사 팔) +2

$2 \times 5 = 10$
이오 십) +2

$2 \times 6 = 12$
이육 십이) +2

$2 \times 7 = 14$
이칠 십사) +2

$2 \times 8 = 16$
이팔 십육) +2

$2 \times 9 = 18$
이구 십팔

한번 읽을 때마다 하나씩 지우세요.
① ② ③ ④ ⑤ ⑥ ⑦ ⑧ ⑨ ⑩ ←

 소리내어 풀기 앞의 수에 위의 수를 곱해서 밑에 적으세요.

01.

×	1	2	3	4	5	6	7	8	9
2									

↑ 2×1=   ↑ 2×2=

02.

×	1	2	3	4	5	6	7	8	9
2									

※ 거꾸로 외우기도 연습해 봅니다. 10번 읽고 한번 읽을 때마다 하나씩 지우세요.

03.

×	9	8	7	6	5	4	3	2	1
2									

04.

×	9	8	7	6	5	4	3	2	1
2									

05.

×	1	2	3	4	5	6	7	8	9
2									

 소리내어 풀기 아래 곱셈의 값을 ☐에 적으세요.

06. $2 \times 7 =$

07. $2 \times 3 =$

08. $2 \times 5 =$

09. $2 \times 6 =$

10. $2 \times 1 =$

11. $2 \times 8 =$

12. $2 \times 2 =$

13. $2 \times 9 =$

14. $2 \times 4 =$

22 곱셈구구 (3단)

소리 내어 10번 읽어 보세요.
(지금 외우도록 합니다)

[3단]

$3 \times 1 = 3$
삼일은 삼 +3

$3 \times 2 = 6$
삼이는 육 +3

$3 \times 3 = 9$
삼삼은 구 +3

$3 \times 4 = 12$
삼사 십이 +3

$3 \times 5 = 15$
삼오 십오 +3

$3 \times 6 = 18$
삼육 십팔 +3

$3 \times 7 = 21$
삼칠 이십일 +3

$3 \times 8 = 24$
삼팔 이십사 +3

$3 \times 9 = 27$
삼구 이십칠

한번 읽을 때마다 하나씩 지우세요.
①②③④⑤⑥⑦⑧⑨⑩

앞의 수에 위의 수를 곱해서 밑에 적으세요.

01.

×	1	2	3	4	5	6	7	8	9
3									

3×1=   3×2=

02.

×	1	2	3	4	5	6	7	8	9
3									

※ 거꾸로 외우기도 연습해 봅니다. 10번 읽고 한번 읽을 때마다 하나씩 지우세요. ✗✗

03.

×	9	8	7	6	5	4	3	2	1
3									

04.

×	9	8	7	6	5	4	3	2	1
3									

05.

×	1	2	3	4	5	6	7	8	9
3									

아래 곱셈의 값을 ▢에 적으세요.

06. $3 \times 6 =$

07. $3 \times 3 =$

08. $3 \times 9 =$

09. $3 \times 4 =$

10. $3 \times 7 =$

11. $3 \times 2 =$

12. $3 \times 1 =$

13. $3 \times 5 =$

14. $3 \times 8 =$

소리 내어 10번 읽어 보세요.
(지금 외우도록 합니다)

[4단]

$4 \times 1 = 4$
사일은 사)+4

$4 \times 2 = 8$
사이 팔)+4

$4 \times 3 = 12$
사삼 십이)+4

$4 \times 4 = 16$
사사 십육)+4

$4 \times 5 = 20$
사오 이십)+4

$4 \times 6 = 24$
사육 이십사)+4

$4 \times 7 = 28$
사칠 이십팔)+4

$4 \times 8 = 32$
사팔 삼십이)+4

$4 \times 9 = 36$
사구 삼십육

한번 읽을 때마다 하나씩 지우세요.
①②③④⑤⑥⑦⑧⑨⑩

앞의 수에 위의 수를 곱해서 밑에 적으세요.

01.

×	1	2	3	4	5	6	7	8	9
4									

↑ 4×1=   ↑ 4×2=

02.

×	1	2	3	4	5	6	7	8	9
4									

※ 거꾸로 외우기도 연습해 봅니다. 10번 읽고 한번 읽을 때마다 하나씩 지우세요.

03.

×	9	8	7	6	5	4	3	2	1
4									

04.

×	9	8	7	6	5	4	3	2	1
4									

05.

×	1	2	3	4	5	6	7	8	9
4									

아래 곱셈의 값을 ☐에 적으세요.

06. $4 \times 2 =$

07. $4 \times 1 =$

08. $4 \times 9 =$

09. $4 \times 8 =$

10. $4 \times 5 =$

11. $4 \times 6 =$

12. $4 \times 3 =$

13. $4 \times 5 =$

14. $4 \times 4 =$

24 곱셈구구 (5단)

 소리내어 읽기

소리 내어 10번 읽어 보세요.

(지금 외우도록 합니다)

[5단]

$5 \times 1 = 5$
오일은 오 +5

$5 \times 2 = 10$
오이 십 +5

$5 \times 3 = 15$
오삼 십오 +5

$5 \times 4 = 20$
오사 이십 +5

$5 \times 5 = 25$
오오 이십오 +5

$5 \times 6 = 30$
오육 삼십 +5

$5 \times 7 = 35$
오칠 삼십오 +5

$5 \times 8 = 40$
오팔 사십 +5

$5 \times 9 = 45$
오구 사십오

한번 읽을 때마다 하나씩 지우세요.
① ② ③ ④ ⑤ ⑥ ⑦ ⑧ ⑨ ⑩

소리내어 풀기 **앞의 수에 위의 수를 곱해서 밑에 적으세요.**

01.

×	1	2	3	4	5	6	7	8	9
5									

↑ 5×1=　　↑ 5×2=

02.

×	1	2	3	4	5	6	7	8	9
5									

※ 거꾸로 외우기도 연습해 봅니다. 10번 읽고 한번 읽을 때마다 하나씩 지우세요. ❌②

03.

×	9	8	7	6	5	4	3	2	1
5									

04.

×	9	8	7	6	5	4	3	2	1
5									

05.

×	1	2	3	4	5	6	7	8	9
5									

 소리내어 풀기

아래 곱셈의 값을 ☐에 적으세요.

06. $5 \times 6 =$ ☐

07. $5 \times 1 =$ ☐

08. $5 \times 7 =$ ☐

09. $5 \times 5 =$ ☐

10. $5 \times 8 =$ ☐

11. $5 \times 3 =$ ☐

12. $5 \times 2 =$ ☐

13. $5 \times 9 =$ ☐

14. $5 \times 4 =$ ☐

25 곱셈구구 (연습1)

 아래 곱셈의 값을 ☐에 적으세요.

01.

×	1	2	3	4	5	6	7	8	9
2									
3									
4									
5									

02.

×	9	8	7	6	5	4	3	2	1
2									
3									
4									
5									

03. $2 \times 7 =$ ☐

04. $3 \times 8 =$ ☐

05. $4 \times 9 =$ ☐

06. $5 \times 6 =$ ☐

07. $2 \times 9 =$ ☐

08. $3 \times 7 =$ ☐

09. $4 \times 8 =$ ☐

10. $5 \times 9 =$ ☐

11. $2 \times 8 =$ ☐

12. $3 \times 5 =$ ☐

13. $4 \times 6 =$ ☐

14. $5 \times 7 =$ ☐

15. $3 \times 6 =$ ☐

16. $4 \times 4 =$ ☐

17. $5 \times 5 =$ ☐

확인 (틀린 문제의 수를 적고, 약한 부분을 보충하세요.)

회차	틀린문제수
21 회	문제
22 회	문제
23 회	문제
24 회	문제
25 회	문제

오답노트 (앞에서 틀린 문제나 기억하고 싶은 문제를 적습니다.)

회	번
문제	풀이

회	번
문제	풀이

회	번
문제	풀이

회	번
문제	풀이

회	번
문제	풀이

생각해보기 (배운 내용이 모두 이해 되었나요?)

■ 모두 이해하고 자신있다. → 다음 회로 넘어 갑니다.

■ 1~2문제 틀릴 수는 있겠지만 거의 이해한다.
→ 개념을 한번 더 읽고 다음 회로 넘어 갑니다.

■ 잘 모르는 것 같다.
→ 개념을 과 틀린문제를 한번 더 보고 다음 회로 넘어 갑니다.

26 곱셈구구 (0, 1단)

0단은 어떤 수를 곱해도 0입니다.

1단은 곱한 수가 값이 됩니다.

[0단]
0 × 1 = 0
0 × 2 = 0
0 × 3 = 0
0 × 4 = 0
0 × 5 = 0
0 × 6 = 0
0 × 7 = 0
0 × 8 = 0
0 × 9 = 0

[1단]
1 × 1 = 1
1 × 2 = 2
1 × 3 = 3
1 × 4 = 4
1 × 5 = 5
1 × 6 = 6
1 × 7 = 7
1 × 8 = 8
1 × 9 = 9

0 과 어떤 수의 곱은 항상 0 입니다.
= 0 × 3 = 0

어떤 수와 0의 곱은 항상 0 입니다.
= 3 × 0 = 0

1 과 어떤 수의 곱은 항상 어떤 수 입니다.
= 1 × 3 = 3

어떤 수와 1의 곱은 항상 어떤 수 입니다.
= 3 × 1 = 3

아래 곱셈의 값을 ☐에 적으세요.

01. 0 × 5 =

02. 0 × 3 =

03. 0 × 9 =

04. 0 × 7 =

05. 1 × 1 =

06. 1 × 7 =

07. 1 × 4 =

08. 1 × 9 =

09. 0 × 67 =

10. 99 × 0 =

11. 1 × 99 =

12. 87 × 1 =

아래 곱셈표를 완성하고 2번 소리 내어 읽어 보세요.

[2단]	[3단]	[4단]	[5단]
2 × 1 = 2	3 × 1 =	4 × 1 = 4	5 × 1 =
2 × 2 =	3 × 2 = 6	4 × 2 =	5 × 2 = 10
2 × 3 = 6	3 × 3 =	4 × 3 = 12	5 × 3 =
2 × 4 =	3 × 4 = 12	4 × 4 =	5 × 4 = 20
2 × 5 = 10	3 × 5 =	4 × 5 = 20	5 × 5 =
2 × 6 =	3 × 6 = 18	4 × 6 =	5 × 6 = 30
2 × 7 = 14	3 × 7 =	4 × 7 = 28	5 × 7 =
2 × 8 =	3 × 8 = 24	4 × 8 =	5 × 8 = 40
2 × 9 = 18	3 × 9 =	4 × 9 = 36	5 × 9 =

아래 곱셈의 값을 ☐ 에 적으세요.

01. 2 × 4 =

02. 3 × 5 =

03. 4 × 3 =

04. 5 × 9 =

05. 2 × 6 =

06. 3 × 7 =

07. 4 × 4 =

08. 5 × 8 =

09. 2 × 5 =

10. 3 × 2 =

11. 4 × 6 =

12. 5 × 7 =

13. 2 × 8 =

14. 3 × 6 =

15. 4 × 7 =

16. 5 × 4 =

17. 2 × 7 =

18. 3 × 9 =

 소리내
풀기

제일 앞의 수와 제일 위의 수를 곱한 값을 적으세요.

01.

×	2	3	4	5
2	→2×2=			
3				
4				
5				

03.

×	4	1	7	5
3				
2				
5				
4				

02.

×	6	7	8	9
2				
3				
4				
5				

04.

×	6	9	3	8
4				
3				
5				
2				

05. $2 \times 7 =$

06. $3 \times 8 =$

07. $4 \times 9 =$

08. $5 \times 6 =$

09. $2 \times 9 =$

10. $3 \times 7 =$

11. $4 \times 8 =$

12. $5 \times 9 =$

13. $2 \times 8 =$

14. $3 \times 5 =$

15. $4 \times 6 =$

16. $5 \times 7 =$

17. $2 \times 3 =$

18. $3 \times 4 =$

19. $4 \times 5 =$

Mon 월 일
분 초

19 문제 중
문제 맞았어!

이어서 나는 _____ 을(를) 공부/연습할거야!!

제일 앞의 수와 제일 위의 수를 곱한 값을 적으세요.

01.

×	9	8	7	6
2	→2×9=			
3				
4				
5				

03.

×	1	5	7	9
5				
2				
4				
3				

02.

×	5	4	3	2
2				
3				
4				
5				

04.

×	6	2	8	3
2				
5				
4				
3				

05. $4 \times 4 =$

06. $3 \times 5 =$

07. $2 \times 7 =$

08. $5 \times 3 =$

09. $3 \times 6 =$

10. $5 \times 8 =$

11. $4 \times 5 =$

12. $3 \times 8 =$

13. $2 \times 9 =$

14. $4 \times 7 =$

15. $5 \times 7 =$

16. $4 \times 8 =$

17. $3 \times 9 =$

18. $2 \times 6 =$

19. $5 \times 9 =$

 소리내 풀기

아래 곱셈의 값을 빈칸에 적으세요.

01.

×	1	2	3	4	5	6	7	8	9
2									
3									
4									
5									

02.

×	9	8	7	6	5	4	3	2	1
2									
3									
4									
5									

03. $5 \times 9 =$

04. $2 \times 8 =$

05. $3 \times 5 =$

06. $2 \times 7 =$

07. $3 \times 8 =$

08. $5 \times 7 =$

09. $3 \times 6 =$

10. $4 \times 4 =$

11. $3 \times 7 =$

12. $4 \times 8 =$

13. $4 \times 9 =$

14. $5 \times 6 =$

15. $2 \times 9 =$

16. $4 \times 6 =$

17. $5 \times 5 =$

확인 (틀린 문제의 수를 적고, 약한 부분을 보충하세요.)

회차	틀린문제수
26 회	문제
27 회	문제
28 회	문제
29 회	문제
30 회	문제

오답노트 (앞에서 틀린 문제나 기억하고 싶은 문제를 적습니다.)

회	번
문제	풀이

회	번
문제	풀이

회	번
문제	풀이

회	번
문제	풀이

회	번
문제	풀이

생각해보기 (배운 내용이 모두 이해 되었나요?)

■ 모두 이해하고 자신있다. → 다음 회로 넘어 갑니다.

■ 1~2문제 틀릴 수는 있겠지만 거의 이해한다.
→ 개념부분을 한번 더 읽고 다음 회로 넘어 갑니다.

■ 잘 모르는 것 같다.
→ 개념부분과 틀린문제를 한번 더 보고 다음 회로 넘어 갑니다.

Mon 월 일
⊖ 분 초

14 문제 중
문제 맞았

 소리내어 10번 읽어 보세요.
(지금 외우도록 합니다)

[6단]

$6 \times 1 = 6$
육일은 육 ⤵ +6

$6 \times 2 = 12$
육이 십이 ⤵ +6

$6 \times 3 = 18$
육삼 십팔 ⤵ +6

$6 \times 4 = 24$
육사 이십사 ⤵ +6

$6 \times 5 = 30$
육오 삼십 ⤵ +6

$6 \times 6 = 36$
육육 삼십육 ⤵ +6

$6 \times 7 = 42$
육칠 사십이 ⤵ +6

$6 \times 8 = 48$
육팔 사십팔 ⤵ +6

$6 \times 9 = 54$
육구 오십사

한번 읽을 때마다 하나씩 지우세요.
①②③④⑤⑥⑦⑧⑨⑩

 앞의 수에 위의 수를 곱해서 밑에 적으세요.

01.

×	1	2	3	4	5	6	7	8	9
6									

↑ 6×1=   ↑ 6×2=

02.

×	1	2	3	4	5	6	7	8	9
6									

※ 거꾸로 외우기도 연습해 봅니다. 10번 읽고 한번 읽을 때마다 하나씩 지우세요. ✗✗

03.

×	9	8	7	6	5	4	3	2	1
6									

04.

×	9	8	7	6	5	4	3	2	1
6									

05.

×	1	2	3	4	5	6	7	8	9
6									

 아래 곱셈의 값을 ☐에 적으세요.

06. $6 \times 1 =$ ☐

07. $6 \times 4 =$ ☐

08. $6 \times 7 =$ ☐

09. $6 \times 3 =$ ☐

10. $6 \times 5 =$ ☐

11. $6 \times 8 =$ ☐

12. $6 \times 2 =$ ☐

13. $6 \times 9 =$ ☐

14. $6 \times 6 =$ ☐

32 곱셈구구 (7단)

소리 내어 10번 읽어 보세요.
(지금 외우도록 합니다)

[7단]

$7 \times 1 = 7$
칠일은 칠   )+7

$7 \times 2 = 14$
칠이 십사   )+7

$7 \times 3 = 21$
칠삼 이십일   )+7

$7 \times 4 = 28$
칠사 이십팔   )+7

$7 \times 5 = 35$
칠오 삼십오   )+7

$7 \times 6 = 42$
칠육 사십이   )+7

$7 \times 7 = 49$
칠칠 사십구   )+7

$7 \times 8 = 56$
칠팔 오십육   )+7

$7 \times 9 = 63$
칠구 육십삼

한번 읽을 때마다 하나씩 지우세요.
①②③④⑤⑥⑦⑧⑨⑩ ◀

🍎 소리내 풀기 **앞의 수에 위의 수를 곱해서 밑에 적으세요.**

01.

×	1	2	3	4	5	6	7	8	9
7									

↑ 7×1=   ↑ 7×2=

02.

×	1	2	3	4	5	6	7	8	9
7									

※ 거꾸로 외우기도 연습해 봅니다. 10번 읽고 한번 읽을 때마다 하나씩 지우세요.

03.

×	9	8	7	6	5	4	3	2	1
7									

04.

×	9	8	7	6	5	4	3	2	1
7									

05.

×	1	2	3	4	5	6	7	8	9
7									

🍎 소리내 풀기 **아래 곱셈의 값을 ☐에 적으세요.**

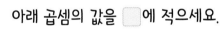

06. $7 \times 3 =$ ☐

07. $7 \times 9 =$ ☐

08. $7 \times 4 =$ ☐

09. $7 \times 1 =$ ☐

10. $7 \times 6 =$ ☐

11. $7 \times 8 =$ ☐

12. $7 \times 2 =$ ☐

13. $7 \times 7 =$ ☐

14. $7 \times 5 =$ ☐

33 곱셈구구 (8단)

 소리 내어 10번 읽어 보세요.

(지금 외우도록 합니다)

[8단]

$8 \times 1 = 8$
팔일은 팔 $+8$

$8 \times 2 = 16$
팔이 십육 $+8$

$8 \times 3 = 24$
팔삼 이십사 $+8$

$8 \times 4 = 32$
팔사 삼십이 $+8$

$8 \times 5 = 40$
팔오 사십 $+8$

$8 \times 6 = 48$
팔육 사십팔 $+8$

$8 \times 7 = 56$
팔칠 오십육 $+8$

$8 \times 8 = 64$
팔팔 육십사 $+8$

$8 \times 9 = 72$
팔구 칠십이

한번 읽을 때마다 하나씩 지우세요.
① ② ③ ④ ⑤ ⑥ ⑦ ⑧ ⑨ ⑩

 앞의 수에 위의 수를 곱해서 밑에 적으세요.

01.

×	1	2	3	4	5	6	7	8	9
8									

8×1=   8×2=

02.

×	1	2	3	4	5	6	7	8	9
8									

※ 거꾸로 외우기도 연습해 봅니다. 10번 읽고 한번 읽을 때마다 하나씩 지우세요.

03.

×	9	8	7	6	5	4	3	2	1
8									

04.

×	9	8	7	6	5	4	3	2	1
8									

05.

×	1	2	3	4	5	6	7	8	9
8									

 아래 곱셈의 값을 ☐ 에 적으세요.

06. $8 \times 4 =$ ☐

07. $8 \times 9 =$ ☐

08. $8 \times 3 =$ ☐

09. $8 \times 7 =$ ☐

10. $8 \times 1 =$ ☐

11. $8 \times 8 =$ ☐

12. $8 \times 2 =$ ☐

13. $8 \times 6 =$ ☐

14. $8 \times 5 =$ ☐

소리 내어 10번 읽어 보세요.
(지금 외우도록 합니다)

[9단]

$9 \times 1 = 9$
구일은 구 ⟩ +9

$9 \times 2 = 18$
구이 십팔 ⟩ +9

$9 \times 3 = 27$
구삼 이십칠 ⟩ +9

$9 \times 4 = 36$
구사 삼십육 ⟩ +9

$9 \times 5 = 45$
구오 사십오 ⟩ +9

$9 \times 6 = 54$
구육 오십사 ⟩ +9

$9 \times 7 = 63$
구칠 육십삼 ⟩ +9

$9 \times 8 = 72$
구팔 칠십이 ⟩ +9

$9 \times 9 = 81$
구구 팔십일

한번 읽을 때마다 하나씩 지우세요.
①②③④⑤⑥⑦⑧⑨⑩

소리내 풀기 앞의 수에 위의 수를 곱해서 밑에 적으세요.

01.

×	1	2	3	4	5	6	7	8	9
9									

↑ 9×1=   ↑ 9×2=

02.

×	1	2	3	4	5	6	7	8	9
9									

※ 거꾸로 외우기도 연습해 봅니다. 10번 읽고 한번 읽을 때마다 하나씩 지우세요.

03.

×	9	8	7	6	5	4	3	2	1
9									

04.

×	9	8	7	6	5	4	3	2	1
9									

05.

×	1	2	3	4	5	6	7	8	9
9									

소리내 풀기 아래 곱셈의 값을 ☐ 에 적으세요.

06. $9 \times 5 =$

07. $9 \times 3 =$

08. $9 \times 9 =$

09. $9 \times 1 =$

10. $9 \times 7 =$

11. $9 \times 4 =$

12. $9 \times 8 =$

13. $9 \times 6 =$

14. $9 \times 2 =$

35 곱셈구구 (연습6)

 소리내 풀기

아래 곱셈의 값을 ☐에 적으세요.

01.

×	1	2	3	4	5	6	7	8	9
6									
7									
8									
9									

02.

×	9	8	7	6	5	4	3	2	1
6									
7									
8									
9									

03. 6 × 7 =

04. 7 × 8 =

05. 8 × 9 =

06. 9 × 6 =

07. 6 × 9 =

08. 7 × 7 =

09. 8 × 8 =

10. 9 × 9 =

11. 6 × 8 =

12. 7 × 5 =

13. 8 × 6 =

14. 9 × 7 =

15. 7 × 6 =

16. 8 × 4 =

17. 9 × 5 =

확인 (틀린 문제의 수를 적고, 약한 부분을 보충하세요.)

회차	틀린문제수
31 회	문제
32 회	문제
33 회	문제
34 회	문제
35 회	문제

오답노트 (앞에서 틀린 문제나 기억하고 싶은 문제를 적습니다.)

회	번
문제	풀이

회	번
문제	풀이

회	번
문제	풀이

회	번
문제	풀이

회	번
문제	풀이

생각해보기 (배운 내용이 모두 이해 되었나요?)

■ 모두 이해하고 자신있다. → 다음 회로 넘어 갑니다.

■ 1~2문제 틀릴 수는 있겠지만 거의 이해한다.
→ 개념부분을 한번 더 읽고 다음 회로 넘어 갑니다.

■ 잘 모르는 것 같다.
→ 개념부분과 틀린문제를 한번 더 보고 다음 회로 넘어 갑니다.

36 곱셈구구 (10단, 11단)

Mon 월 일
분 초

12 문제 중
문제 맞았어

소리내 읽기

10단은 곱한 수가 십의 자리가 됩니다.　　　**11단은 곱한 수가 십과 일의 자리가 됩니다.**

[10단]	[11단]
$10 × 1 = 10$	$11 × 1 = 11$
$10 × 2 = 20$	$11 × 2 = 22$
$10 × 3 = 30$	$11 × 3 = 33$
$10 × 4 = 40$	$11 × 4 = 44$
$10 × 5 = 50$	$11 × 5 = 55$
$10 × 6 = 60$	$11 × 6 = 66$
$10 × 7 = 70$	$11 × 7 = 77$
$10 × 8 = 80$	$11 × 8 = 88$
$10 × 9 = 90$	$11 × 9 = 99$

(10단 사이 + 10)　(11단 사이 + 11)

$11 × 4$
= 11의 4배
= 11씩 4묶음
= 11을 4번 더하기
= $11 + 11 + 11 + 11$
= 44 를 기억하고,

12단부터는 외우지 말고
원리를 알고 값을 구합니다.
$12 × 3 = 12 + 12 + 12$

(9단까지는 반드시 외워야 합니다.)

소리내 풀기

아래 곱셈의 값을 ☐에 적으세요.

01. $10 × 5 =$ ☐　　　05. $11 × 1 =$ ☐　　　09. $12 × 2 =$ ☐

02. $10 × 3 =$ ☐　　　06. $11 × 7 =$ ☐　　　10. $12 × 3 =$ ☐

03. $10 × 9 =$ ☐　　　07. $11 × 4 =$ ☐　　　11. $13 × 2 =$ ☐

04. $10 × 7 =$ ☐　　　08. $11 × 9 =$ ☐　　　12. $13 × 3 =$ ☐

아래 곱셈표를 완성하고 **2**번 소리 내어 읽어 보세요.

[6단]	**[7단]**	**[8단]**	**[9단]**
$6 \times 1 = 6$	$7 \times 1 =$	$8 \times 1 = 8$	$9 \times 1 = 9$
$6 \times 2 =$	$7 \times 2 = 14$	$8 \times 2 =$	$9 \times 2 =$
$6 \times 3 = 18$	$7 \times 3 =$	$8 \times 3 = 24$	$9 \times 3 = 27$
$6 \times 4 =$	$7 \times 4 = 28$	$8 \times 4 =$	$9 \times 4 =$
$6 \times 5 = 30$	$7 \times 5 =$	$8 \times 5 = 40$	$9 \times 5 = 45$
$6 \times 6 =$	$7 \times 6 = 42$	$8 \times 6 =$	$9 \times 6 =$
$6 \times 7 = 42$	$7 \times 7 =$	$8 \times 7 = 56$	$9 \times 7 = 63$
$6 \times 8 =$	$7 \times 8 = 56$	$8 \times 8 =$	$9 \times 8 =$
$6 \times 9 = 54$	$7 \times 9 =$	$8 \times 9 = 72$	$9 \times 9 = 81$

아래 곱셈의 값을 ☐에 적으세요.

01. $6 \times 7 =$

02. $7 \times 3 =$

03. $8 \times 9 =$

04. $9 \times 7 =$

05. $6 \times 4 =$

06. $7 \times 2 =$

07. $8 \times 1 =$

08. $9 \times 7 =$

09. $6 \times 5 =$

10. $7 \times 9 =$

11. $8 \times 2 =$

12. $9 \times 4 =$

13. $6 \times 2 =$

14. $7 \times 6 =$

15. $8 \times 3 =$

16. $9 \times 6 =$

17. $6 \times 8 =$

18. $7 \times 5 =$

38 곱셈구구 (연습8)

 소리내 풀기

제일 앞의 수와 제일 위의 수를 곱한 값을 적으세요.

01.

×	2	3	4	5
6	→6×2=			
7				
8				
9				

03.

×	4	1	7	5
8				
6				
9				
7				

02.

×	6	7	8	9
6				
7				
8				
9				

04.

×	6	9	3	8
7				
9				
6				
8				

05. 6 × 7 =

06. 7 × 8 =

07. 8 × 9 =

08. 9 × 6 =

09. 6 × 3 =

10. 7 × 7 =

11. 8 × 8 =

12. 9 × 9 =

13. 6 × 3 =

14. 7 × 5 =

15. 8 × 6 =

16. 9 × 7 =

17. 6 × 3 =

18. 7 × 4 =

19. 8 × 5 =

 소리내 풀기

제일 앞의 수와 제일 위의 수를 곱한 값을 적으세요.

01.

×	9	8	7	6
6	→6×9=			
7				
8				
9				

03.

×	2	5	9	3
8				
7				
6				
9				

02.

×	5	4	3	2
6				
7				
8				
9				

04.

×	4	7	1	8
6				
8				
7				
9				

05. $8 \times 9 =$ ⬚   10. $6 \times 5 =$ ⬚   15. $6 \times 3 =$ ⬚

06. $9 \times 6 =$ ⬚   11. $7 \times 8 =$ ⬚   16. $7 \times 7 =$ ⬚

07. $6 \times 3 =$ ⬚   12. $8 \times 8 =$ ⬚   17. $6 \times 3 =$ ⬚

08. $8 \times 6 =$ ⬚   13. $9 \times 9 =$ ⬚   18. $7 \times 4 =$ ⬚

09. $9 \times 7 =$ ⬚   14. $7 \times 5 =$ ⬚   19. $8 \times 5 =$ ⬚

40 곱셈구구 (연습10)

 아래 곱셈의 값을 ☐에 적으세요.

01.

×	1	2	3	4	5	6	7	8	9
6									
7									
8									
9									

02.

×	9	8	7	6	5	4	3	2	1
6									
7									
8									
9									

03. 7 × 5 = ☐

04. 6 × 7 = ☐

05. 9 × 9 = ☐

06. 7 × 8 = ☐

07. 8 × 9 = ☐

08. 7 × 6 = ☐

09. 8 × 4 = ☐

10. 9 × 5 = ☐

11. 7 × 7 = ☐

12. 8 × 8 = ☐

13. 6 × 8 = ☐

14. 9 × 6 = ☐

15. 6 × 9 = ☐

16. 8 × 6 = ☐

17. 9 × 7 = ☐

확인 <small>(틀린 문제의 수를 적고, 약한 부분을 보충하세요.)</small>

회차	틀린문제수
36 회	문제
37 회	문제
38 회	문제
39 회	문제
40 회	문제

오답노트 <small>(앞에서 틀린 문제나 기억하고 싶은 문제를 적습니다.)</small>

회	번
문제	풀이

회	번
문제	풀이

회	번
문제	풀이

회	번
문제	풀이

회	번
문제	풀이

생각해보기 <small>(배운 내용이 모두 이해 되었나요?)</small>

■ 모두 이해하고 자신있다. → 다음 회로 넘어 갑니다.

■ 1~2문제 틀릴 수는 있겠지만 거의 이해한다.
→ 개념부분을 한번 더 읽고 다음 회로 넘어 갑니다.

■ 잘 모르는 것 같다.
→ 개념부분과 틀린문제를 한번 더 보고 다음 회로 넘어 갑니다.

Mon 월 일
분 초

17 문제 중 문제 맞았어

제일 앞의 수와 제일 위의 수의 곱을 적은 곱셈표입니다. 곱셈표를 완성하세요.

2×8=8×2
2×8 의 값과
8×2 의 값은 같습니다.

×	1	2	3	4	5	6	7	8	9
1	1×1=	1×2=							
2	2×1=		6					16	
3		6				18			
4							28		
5									
6			⬡						
7			28					56	
8	16						▲		
9									

2×8=8×2
2×8 의 값과
8×2 의 값은 같습니다.

점선을 기준으로
접으면 만나는 수들은
같습니다.
확인해 보세요!!!

앞의 수에서 위의 수를 곱해서 값을 적으세요.

보기
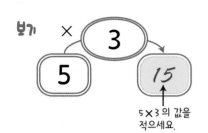

× 3
5 → 15

5×3 의 값을
적으세요.

01.
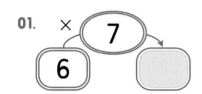

× 7
6 →

02.

× 2
3 →

03.

× 8
7 →

04.

× 9
9 →

05.
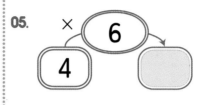

× 6
4 →

06.
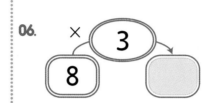

× 3
8 →

07.

× 10
5 →

08.
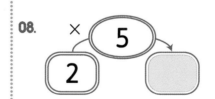

× 5
2 →

09.
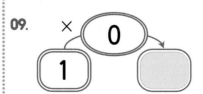

× 0
1 →

10.
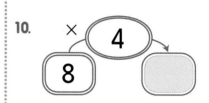

× 4
8 →

11.
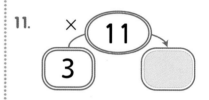

× 11
3 →

12.
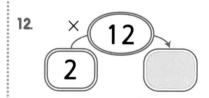

× 12
2 →

13.
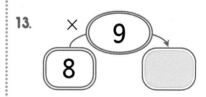

× 9
8 →

14.
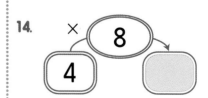

× 8
4 →

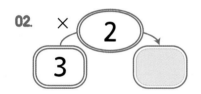
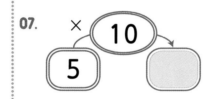

※ 틀린 문제가 있다면 그것에 해당하는 구구단을 5번 (완전히 외울때까지) 읽거나 적어 봅니다.

 제일 앞의 수와 제일 위의 수를 곱한 값을 적으세요.

01.

×	3	5	7	1
2	2×3=			
6				
8				
3				

03.

×	4	1	7	5
1				
7				
5				
9				

02.

×	9	2	6	8
4				
9				
7				
5				

04.

×	6	9	3	8
6				
8				
4				
2				

05. 9 × 8 =

06. 8 × 6 =

07. 7 × 4 =

08. 6 × 9 =

09. 5 × 2 =

10. 4 × 3 =

11. 3 × 5 =

12. 2 × 7 =

13. 1 × 8 =

14. 0 × 9 =

15. 7 × 8 =

16. 9 × 2 =

17. 4 × 6 =

18. 6 × 7 =

19. 3 × 1 =

44 곱셈구구 (확인3)

보기와 같이 두수를 곱해서 밑에 적어 보세요.

보기

5	4

20

↑
5×4 의 값을
적으세요.

01.

6	9

02.

9	3

03.

2	6

04.

4	4

05.

8	7

06.

1	5

07.

7	4

08.

5	9

09.

3	8

10.

8	6

11.

6	8

12.

11	7

13.

10	4

14.

12	3

※ 틀린 문제가 있다면 그것에 해당하는 구구단을 5번 (완전히 외울때까지) 읽거나 적어 봅니다.

45 곱셈구구 (확인4)

소리내
풀기

위의 숫자가 아래의 통에 들어가면 나오는 수를 계산해서 ▨에 적으세요.

7
01.
×8

7×8 의 값을
적으세요. →

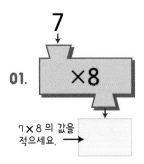

4
05.
×3

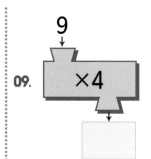

9
09.
×4

2
13.
×6

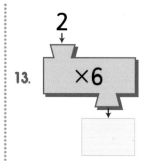

5
02.
×9

3
06.
×7

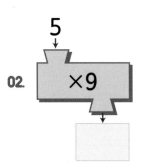

7
10.
×6

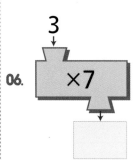

8
14.
×8

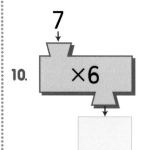

9
03.
×7

6
07.
×4

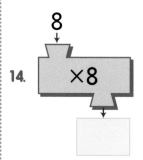

4
11.
×7

3
15.
×5

8
04.
×6

2
08.
×8

5
12.
×3

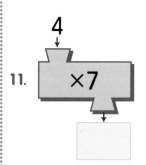

6
16.
×9

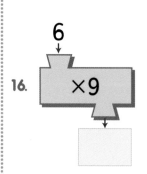

확인 (틀린 문제의 수를 적고, 약한 부분을 보충하세요.)

회차	틀린문제수
41 회	문제
42 회	문제
43 회	문제
44 회	문제
45 회	문제

오답노트 (앞에서 틀린 문제나 기억하고 싶은 문제를 적습니다.)

회	번
문제	풀이

회	번
문제	풀이

회	번
문제	풀이

회	번
문제	풀이

회	번
문제	풀이

생각해보기 (배운 내용이 모두 이해 되었나요?)

■ 모두 이해하고 자신있다. → 다음 회로 넘어 갑니다.

■ 1~2문제 틀릴 수는 있겠지만 거의 이해한다.
   → 개념부분을 한번 더 읽고 다음 회로 넘어 갑니다.

■ 잘 모르는 것 같다.
   → 개념부분과 틀린문제를 한번 더 보고 다음 회로 넘어 갑니다.

 소리내 풀기

제일 앞의 수와 제일 위의 수의 곱을 적은 곱셈표입니다. 곱셈표를 완성하세요.

×	1	2	3	4	5	6	7	8	9
1	1×1= 1	1×2= 2				6		8	9
2	2×1= 2	4					14		
3				12				24	
4	4		12				28		
5					25				45
6	6	12				36			
7				28	35				
8	8						56		
9		18	27			54		72	81

보기와 같이 옆의 두 수를 계산해서 옆에 적고, 밑의 두 수를 계산해서 밑에 적으세요.

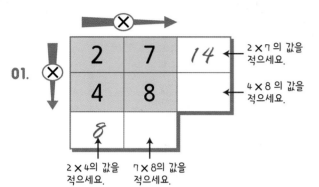

01.
2 × 7 의 값을 적으세요.
4 × 8 의 값을 적으세요.
2 × 4의 값을 적으세요.
7 × 8의 값을 적으세요.

05.

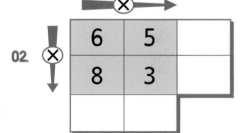

02.

06.

03.

07.

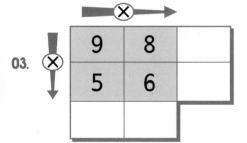

04.

08.

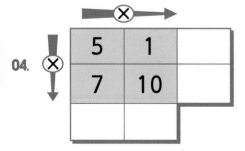

소리내 풀기

제일 앞의 수와 제일 위의 수를 곱한 값을 적으세요.

01.

×	3	5	7	1
5	5×3=			
7				
3				
8				

03.

×	4	1	7	5
6				
9				
2				
4				

02.

×	9	2	6	8
2				
6				
4				
9				

04.

×	6	9	3	8
3				
8				
5				
7				

05. $2 \times 5 =$

06. $5 \times 9 =$

07. $9 \times 1 =$

08. $7 \times 6 =$

09. $6 \times 2 =$

10. $4 \times 9 =$

11. $8 \times 3 =$

12. $3 \times 4 =$

13. $9 \times 7 =$

14. $6 \times 6 =$

15. $7 \times 3 =$

16. $3 \times 7 =$

17. $8 \times 2 =$

18. $5 \times 8 =$

19. $9 \times 6 =$

49 곱셈구구 (확인8)

 제일 가운데 수에 옆의 수를 곱해 가장자리에 적으세요.

01.
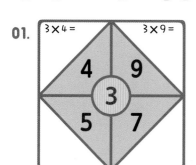
3×4 =   3×9 =
4   9
3
5   7

02.
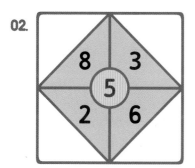
8   3
5
2   6

03.
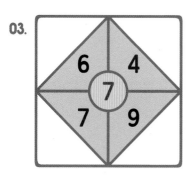
6   4
7
7   9

04.
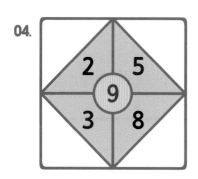
2   5
9
3   8

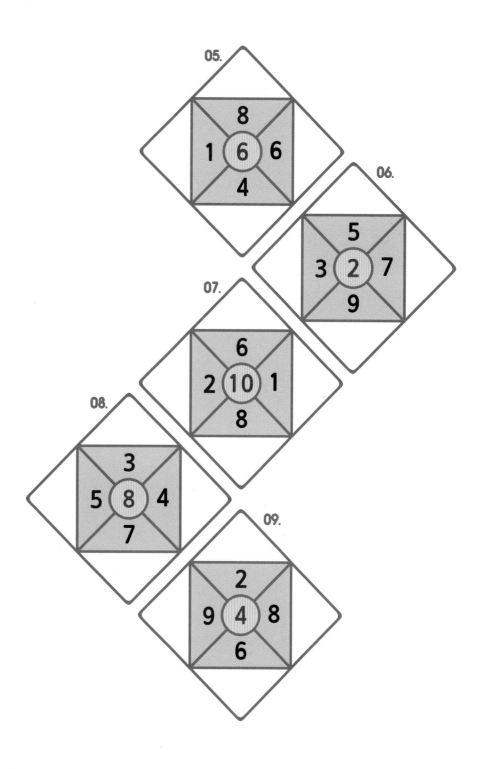

05.
8
1 6 6
4

06.
5
3 2 7
9

07.
6
2 10 1
8

08.
3
5 8 4
7

09.
2
9 4 8
6

 아래 곱셈표를 완성하고 **3**번 소리 내어 읽어 보세요.

[2단]	[3단]	[4단]	[5단]
2 × 1 =	3 × 1 =	4 × 1 =	5 × 1 =
2 × 2 =	3 × 2 =	4 × 2 =	5 × 2 =
2 × 3 =	3 × 3 =	4 × 3 =	5 × 3 =
2 × 4 =	3 × 4 =	4 × 4 =	5 × 4 =
2 × 5 =	3 × 5 =	4 × 5 =	5 × 5 =
2 × 6 =	3 × 6 =	4 × 6 =	5 × 6 =
2 × 7 =	3 × 7 =	4 × 7 =	5 × 7 =
2 × 8 =	3 × 8 =	4 × 8 =	5 × 8 =
2 × 9 =	3 × 9 =	4 × 9 =	5 × 9 =

[6단]	[7단]	[8단]	[9단]
6 × 1 =	7 × 1 =	8 × 1 =	9 × 1 =
6 × 2 =	7 × 2 =	8 × 2 =	9 × 2 =
6 × 3 =	7 × 3 =	8 × 3 =	9 × 3 =
6 × 4 =	7 × 4 =	8 × 4 =	9 × 4 =
6 × 5 =	7 × 5 =	8 × 5 =	9 × 5 =
6 × 6 =	7 × 6 =	8 × 6 =	9 × 6 =
6 × 7 =	7 × 7 =	8 × 7 =	9 × 7 =
6 × 8 =	7 × 8 =	8 × 8 =	9 × 8 =
6 × 9 =	7 × 9 =	8 × 9 =	9 × 9 =

① ② ③

확인 (틀린 문제의 수를 적고, 약한 부분을 보충하세요.)

회차	틀린문제수
46 회	문제
47 회	문제
48 회	문제
49 회	문제
50 회	문제

생각해보기 (배운 내용이 모두 이해 되었나요?)

■ 모두 이해하고 자신있다. → 다음 회로 넘어 갑니다.

■ 1~2문제 틀릴 수는 있겠지만 거의 이해한다.
  → 개념부분을 한번 더 읽고 다음 회로 넘어 갑니다.

■ 잘 모르는 것 같다.
  → 개념부분과 틀린문제를 한번 더 보고 다음 회로 넘어 갑니다.

오답노트 (앞에서 틀린 문제나 기억하고 싶은 문제를 적습니다.)

회	번
문제	풀이

회	번
문제	풀이

회	번
문제	풀이

회	번
문제	풀이

회	번
문제	풀이

100cm(센티미터)는 1m(미터)입니다.

$$100\,cm = 1\,m$$

쓰기	읽기
1 m	1 미터 일

100cm라고 적는 것보다

1m라고 적는게 편리합니다.

1000cm는 10m입니다.

125cm는 1m 25cm입니다.

$$125\,cm = 1\,m\,25\,cm$$

쓰기	읽기
1m 25cm	1 미터 25 센티미터 일 이십오

 아래는 길이 재기를 설명한 것입니다. 빈칸에 알맞은 말을 적으세요. (다 적은 후 2번 더 읽어보세요.)

01. 1미터를 바르게 3번 써 보세요.

$$1\text{m}$$

02. 100cm는 1 [ ] 이고, 1m는 [ ] cm입니다.

03. 1m는 1cm가 [ ] 개이고,

10cm가 [ ] 개입니다.

04. 1m는 1 [ ] 라고 읽고,

1cm는 1 [ ] 라고 읽습니다.

05. 125cm는 1m 보다 [ ] cm 더 길고

[ ] m [ ] cm 와 같습니다.

06. 1m73cm는 1m 보다 [ ] cm 더 길고,

[ ] cm 와 같습니다.

센티미터는 미터로, 미터는 센티미터로 바꾸세요.

07. 134cm = [ ] m [ ] cm

08. 375cm = [ ] m [ ] cm

09. 296cm = [ ] m [ ] cm

10. 4m 17cm = [ ] cm

11. 6m 40cm = [ ] cm

12. 5m 3cm = [ ] cm

13. 50 미터 = 5000 [ ]

14. 3000 센티미터 = 30 [ ]

52 125cm = 1m 25cm

125 = 100 + 25 입니다.
125cm = 100cm + 25cm 입니다.

| 125cm = 100cm + 25cm |
| = 1m + 25cm |
| = 1m 25cm |

그러므로 125cm = 1m 25cm 입니다.

100 + 25 = 125 입니다.
1m 25cm = 100cm + 25cm 입니다.

| 1m 25cm = 1m + 25cm |
| = 100cm + 25cm |
| = 125cm |

그러므로 1m 25cm = 125cm입니다.

아래는 센티미터는 미터로, 미터는 센티미터로 바꾸는 과정을 적은 식입니다.
빈칸에 알맞은 수나 기호를 적으세요.

01. 248cm = ☐ cm + ☐ cm
= ☐ m + ☐ cm
= ☐ m ☐ cm

02. 402cm = ☐ cm + ☐ cm
= ☐ m + ☐ cm
= ☐ m ☐ cm

03. 370cm = ☐ cm + ☐ cm
= ☐ m + ☐ cm
= ☐ m ☐ cm

04. 287cm = ☐ cm + ☐ cm
= ☐ m + ☐ cm
= ☐ m ☐ cm

05. 5m 17cm = ☐ m + ☐ cm
= ☐ cm + ☐ cm
= ☐ cm

06. 7m 3cm = ☐ m + ☐ cm
= ☐ cm + ☐ cm
= ☐ cm

07. 9m 20cm = ☐ m + ☐ cm
= ☐ cm + ☐ cm
= ☐ cm

08. 6m 26cm = ☐ m + ☐ cm
= ☐ cm + ☐ cm
= ☐ cm

53 길이의 계산 (덧셈)

월 일
분 초

 1m 30cm + 2m 10cm의 계산

① 그림을 그려 구하기

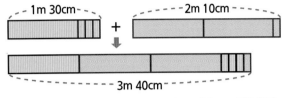

1m 30cm + 2m 10cm = 3m 40cm입니다.

② 가로(옆)으로 써서 계산하기 (끼리끼리 더하기)

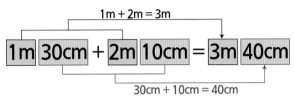

m(미터)는 m끼리, cm(센티미터)는 cm끼리 더합니다.

 그림을 보고 두길이의 합을 구하세요.

01.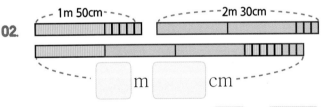

2m20cm+1m40cm = ☐ m ☐ cm

02.

1m50cm+2m30cm = ☐ m ☐ cm

03.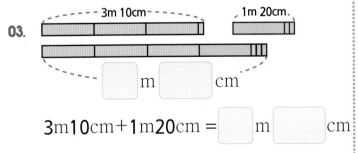

3m10cm+1m20cm = ☐ m ☐ cm

두길이의 합을 구하세요.

04.  1m40cm+3m50cm = ☐ m ☐ cm

05. 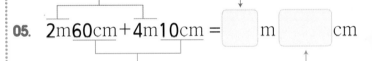 2m60cm+4m10cm = ☐ m ☐ cm

06. 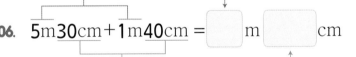 5m30cm+1m40cm = ☐ m ☐ cm

07. 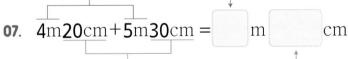 4m20cm+5m30cm = ☐ m ☐ cm

74

54 길이의 계산 (뺄셈)

2m 30cm − 1m 10cm의 계산

① 그림을 그려 구하기

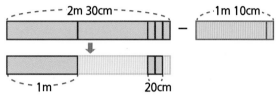

2m 30cm − 1m 10cm = 1m 20cm입니다.

② 가로(옆)으로 써서 계산하기 (끼리끼리 빼기)

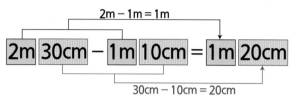

m(미터)는 m끼리, cm(센티미터)는 cm끼리 뺍니다.

그림을 보고 두길이의 차를 구하세요.

01.
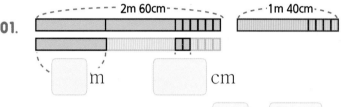

2m60cm − 1m40cm = ☐ m ☐ cm

02.

3m70cm − 1m20cm = ☐ m ☐ cm

03.
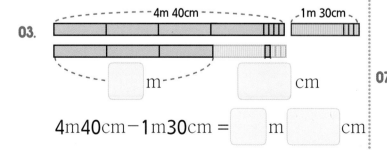

4m40cm − 1m30cm = ☐ m ☐ cm

두길이의 차를 구하세요.

04.
4m50cm − 1m20cm = ☐ m ☐ cm

05.
7m80cm − 3m30cm = ☐ m ☐ cm

06.
5m20cm − 4m10cm = ☐ m ☐ cm

07.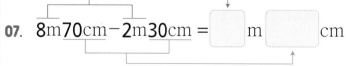
8m70cm − 2m30cm = ☐ m ☐ cm

55 길이의 계산 (세로 셈)

1m 30cm + 2m 10cm의 계산 (③ 세로 셈하기)

① 아래와 같이 적습니다.

$$\begin{array}{r} ①\ 1m\ 30cm \\ +\ 2m\ 10cm \\ \hline \end{array}$$

② cm 끼리 더합니다.

$$\begin{array}{r} ③\ 1m\ 30cm\ ② \\ +\ 2m\ 10cm \\ \hline 3m\ 40cm \end{array}$$

③ m 끼리 더합니다.

2m 30cm − 1m 10cm의 계산 (③ 세로 셈하기)

① 아래와 같이 적습니다.

$$\begin{array}{r} ①\ 2m\ 30cm \\ -\ 1m\ 10cm \\ \hline \end{array}$$

② cm 끼리 뺍니다.

$$\begin{array}{r} ③\ 2m\ 30cm\ ② \\ -\ 1m\ 10cm \\ \hline 1m\ 20cm \end{array}$$

③ m 끼리 뺍니다.

위의 방법과 같이 세로 셈하여 값을 구하세요.

01. 2m10cm + 2m30cm = ☐ m ☐ cm

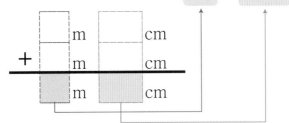

02. 1m42cm + 3m50cm = ☐ m ☐ cm

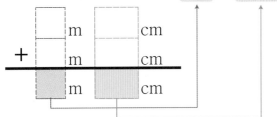

03. 3m21cm + 5m15cm = ☐ m ☐ cm

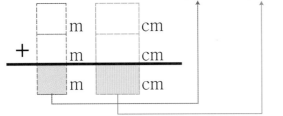

04. 5m62cm − 1m30cm = ☐ m ☐ cm

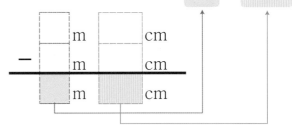

05. 7m36cm − 5m24cm = ☐ m ☐ cm

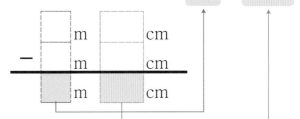

06. 6m59cm − 2m17cm = ☐ m ☐ cm

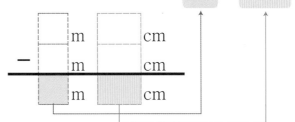

※ 덧셈과 뺄셈을 할때 일의 자리부터 계산을 하듯이 cm 부터 계산을 하고 m를 계산합니다.

확인 (틀린 문제의 수를 적고, 약한 부분을 보충하세요.)

회차	틀린문제수
51 회	문제
52 회	문제
53 회	문제
54 회	문제
55 회	문제

오답노트 (앞에서 틀린 문제나 기억하고 싶은 문제를 적습니다.)

회	번
문제	풀이

회	번
문제	풀이

회	번
문제	풀이

회	번
문제	풀이

회	번
문제	풀이

생각해보기 (배운 내용이 모두 이해 되었나요?)

■ 모두 이해하고 자신있다. → 다음 회로 넘어 갑니다.

■ 1~2문제 틀릴 수는 있겠지만 거의 이해한다.

→ 개념부분을 한번 더 읽고 다음 회로 넘어 갑니다.

■ 잘 모르는 것 같다.

→ 개념부분과 틀린문제를 한번 더 보고 다음 회로 넘어 갑니다.

56 몇 시일까요? (1)

 1분 : 긴바늘이 가리키는 작은 눈금 한칸

긴바늘이 1분씩 5번을 가서 숫자 1을 가리키면 5분입니다. 숫자 2는 10분, 숫자 3은 15분을 나타냅니다.

짧은 바늘이 1과 2사이 일때는 1시 몇 분입니다.

짧은 바늘이 1과 2 사이에 있으면 1시 몇분입니다. 시간을 나타내는 짧은 바늘이 1시에서 2시로 가는 중이기 때문입니다.

 시계를 보고 몇시 몇분인지 ☐에 적으세요.

01.
짧은바늘 : 4를 조금 지남
긴바늘 : 1
 시 분

02.
짧은바늘 : 6을 조금 지남
긴바늘 : 3
 시 분

03.
짧은바늘 : 8을 많이 지남
긴바늘 : 6
 시 분

04.
짧은바늘 : 12와 1사이
긴바늘 : 9
 시 분

05.
짧은바늘 : 11과 12사이
긴바늘 : 2
 시 분

06.
짧은바늘 : 2와 3사이
긴바늘 : 5
 시 분

07.
짧은바늘 : 5에 아직 안왔음
긴바늘 : 7
 시 분

08.
짧은바늘 : 11에 아직 안왔음
긴바늘 : 4
 시 분

09.
짧은바늘 : 10에 아직 안왔음
긴바늘 : 10
 시 분

긴바늘이 숫자**1**에서 **1**칸을 더가면 **6분**입니다.

긴바늘이
숫자1에서 1칸을 더가면 6분이 됩니다.
2칸은 7분, 3칸은 8분, 4칸은 9분이 되고,
5칸을 가면 숫자2가 되어 10분이 됩니다.

제일 작은 1칸은 1분입니다.

4시50분은 **5시10분전** 입니다.

10분 전   10분 후

4시50분   **5시**   **5시10분**

시계를 보고 몇시 몇분인지 빈칸에 적으세요.

01.

짧은바늘 : 3과 4 사이
긴바늘 : 2에서 2칸 더
_____시 _____분

숫자 2 + 작은 칸 2칸 = 10분 + 2분 = 12분

02.

짧은바늘 : 5와 6 사이
긴바늘 : 6에서 3칸 더
_____시 _____분

숫자 5 + 작은 칸 3칸 = 25분 + 3분 = 28분

03.

짧은바늘 : 7과 8 사이
긴바늘 : 4에서 4칸 더
_____시 _____분

숫자 4 + 작은 칸 4칸 = 20분 + 4분

04.

짧은바늘 : 9와 10 사이
긴바늘 : 7에서 1칸 더
_____시 _____분

숫자 7 + 작은 칸 1칸 = 35분 + 1분

05.

_____시 _____분

06.

_____시 _____분

07.

_____시 _____분

08.

_____시 _____분

09.

_____시 _____분

10.

_____시 _____분

11.

짧은바늘 : 8과 9 사이
긴바늘 : 10

8시 _____분

9시 _____분 **전**

12.

짧은바늘 : 9에 안왔음
긴바늘 : 11

8시 _____분

9시 _____분 **전**

58 디지털 시계

긴바늘이 한바퀴 돌면 **작은바늘**은 숫자 1칸을 갑니다.

긴 바늘이 12에서 시작하여 한바퀴를 돌고
다시 12로 오면 1시간 지난 것입니다.
이때 시간을 가리키는 짧은바늘은
숫자 1칸을 갑니다. (2 → 3)

디지털시계(전자시계)는 시간을 **수**로 보여줍니다.

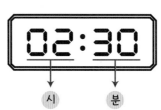

: 앞부분은 시간을 나타내고,

: 의 뒷부분은 분을 나타냅니다.

그래서 2시 30분입니다.

시   분

디지털 시계를 보고 옆의 시계에 긴바늘과 짧은바늘을 그려 보세요.

보기

짧은바늘 : 3과 4 사이
긴바늘 : 6

01.

`02:00`

02.
`04:10`

03.
`09:40`

04.

`09:25`

05.
`11:55`

06.
`01:41`

07.
`04:17`

08.

`07:33`

09.
`08:29`

10.
`10:56`

11.
`12:00`

59 몇 분 지났을까요? (1)

5시에서 5시20분이 되면 20분 지난(걸린) 것입니다.

5시 → 5시 10분 → 5시 20분

숫자 1 만큼 지날때마다 5분씩 지난 것입니다.

긴바늘이 숫자1 만큼 지나면 (12→1) 5분이 걸린 것입니다.
숫자2만큼 지나면 (12→2) 10분,
숫자9만큼 지나면 (12→9) 45분,
걸린 것입니다.

시작한 시각과 끝난 시각을 보고, 몇 분 걸렸는지 적으세요.

01.

____시   ____시____분

걸린시간 _____분

02.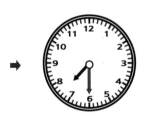

____시   ____시____분

걸린시간 _____분

03.

____시____분   ____시____분

걸린시간 _____분

04.

____시____분   ____시____분

걸린시간 _____분

05.

____시____분   ____시____분

걸린시간 _____분

06.

____시____분   ____시____분

걸린시간 _____분

60 몇 분 지났을까요? (2)

1시간은 60분입니다. 5시에 시작해서 6시20분에 끝나면 80분 지난(걸린) 것입니다.

5시 ➡ 60분 후(지남) **6시** ➡ 20분 후(지남) **6시 20분**

1시간 20분 = 1시간 + 20분	80분 = 60분 + 20분
= 60분 + 20분	= 1시간 + 20분
= 80분	= 1시간 20분

1시간 = 60분. 2시간 = 120분, 3시간 = 180분, 4시간 = 240분

몇시 몇분에 시작해서 몇시 몇분에 끝났는 지를 보고, 몇 분 걸렸는지 적으세요.

몇시간 몇분은 몇 분으로 고치고,
몇분은 몇시간 몇 분으로 바꾸세요.

01.

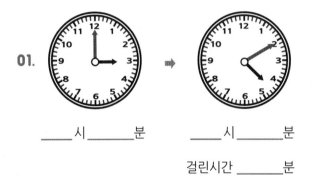

_____시_____분   _____시_____분

걸린시간 _____분

02.

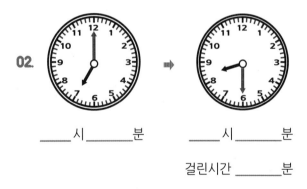

_____시_____분   _____시_____분

걸린시간 _____분

03.

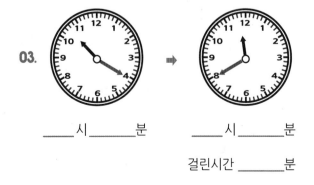

_____시_____분   _____시_____분

걸린시간 _____분

04. 1시간 50분 = ☐ 시간 + ☐ 분

= ☐ 분 + ☐ 분

= ☐ 분

05. 2시간 10분 = ☐ 시간 + ☐ 분

= ☐ 분 + ☐ 분

= ☐ 분

06. 90분 = ☐ 분 + ☐ 분

= ☐ 시간 + ☐ 분

= ☐ 시간 ☐ 분

07. 130분 = 60 분 + ☐ 분 + ☐ 분

= ☐ 시간 + ☐ 시간 + ☐ 분

= ☐ 시간 ☐ 분

확인 （틀린 문제의 수를 적고, 약한 부분을 보충하세요.）

회차	틀린문제수
56 회	문제
57 회	문제
58 회	문제
59 회	문제
60 회	문제

생각해보기 （배운 내용이 모두 이해 되었나요?）

■ 모두 이해하고 자신있다. → 다음 회로 넘어 갑니다.

■ 1~2문제 틀릴 수는 있겠지만 거의 이해한다.
 → 개념부분을 한번 더 읽고 다음 회로 넘어 갑니다.

■ 잘 모르는 것 같다.
 → 개념부분과   를 한번 더 보고 다음 회로 넘어 갑니다.

오답노트 （앞에서 틀린 문제나 기억하고 싶은 문제를 적습니다.）

회	번
문제	풀이

회	번
문제	풀이

회	번
문제	풀이

회	번
문제	풀이

회	번
문제	풀이

61 두 자릿수 바로 더하기 (1)

17 + 28의 계산 (일의 자리의 합이 **10**이 넘으면 십의 자리로 받아 올림 해줍니다.)

① 일의 자리에 **5**를 적고, 받아 올림 한 **1**을 표시해 줍니다.　② 십의 자리를 더한 수에 받아 올림 한 **1**을 더해 적습니다.

① 일의 자리끼리 더하고 10이 넘으면 받아 올림 해줍니다.

7 + 8 = 15

1 7 + 2 8 =　⁴5

→

② 십의 자리끼리 더한 다음 받아 올림 한 1을 더 더합니다.

1 7 + 2 8 =　⁴⁵

1+2+받아 올림 한 1 = 4

십의 자리수끼리 더한 다음 일의 자리에서 받아 올림 한 1을 더 더합니다.

아래 문제의 ☐ 에 알맞은 수를 적으세요.

01. 15 + 8 = ☐

02. 13 + 7 = ☐

03. 16 + 9 = ☐

04. 19 + 5 = ☐

05. 14 + 6 = ☐

06. 12 + 7 = ☐

07. 24 + 30 = ☐

08. 30 + 26 = ☐

09. 27 + 13 = ☐

10. 35 + 35 = ☐

11. 46 + 26 = ☐

12. 68 + 18 = ☐

13. 43 + 17 = ☐

14. 22 + 39 = ☐

15. 65 + 26 = ☐

16. 34 + 38 = ☐

17. 71 + 19 = ☐

18. 56 + 26 = ☐

※ 수를 계산할 때는 일의 자리부터 계산합니다.

 62 두 자릿수 바로 더하기 (2)

 51 + 62의 계산 (십의 자리의 합이 10이 넘으면 백의 자리로 받아 올림 해줍니다.)

① 일의 자리에 3를 적습니다. ② 십의 자리를 더한 수가 10이 넘으므로 백의 자리로 받아 올림 해서 각자의 자리에 적습니다.

① 일의 자리의 덧셈이므로 일의 자리에 적습니다.

1 + 2 = 3

5 1 + 6 2 = 1 1 **3**

→

② 십의 자리의 자리끼리 더하고, 받아 올림이 있으면 +1 해줍니다.

5 1 + 6 2 = 1 1 3

5 + 6 = 11

각자의 자리끼리
더하고,
10이 넘으면
받아올림 합니다.

받아 올림 한 수
+1 해주는 것을
잊지마세요!!!

 아래 문제의 ☐ 에 알맞은 수를 적으세요.

01. 50 + 50 = ☐

02. 70 + 30 = ☐

03. 60 + 70 = ☐

04. 40 + 60 = ☐

05. 80 + 50 = ☐

06. 90 + 30 = ☐

07. 43 + 60 = ☐

08. 65 + 70 = ☐

09. 97 + 22 = ☐

10. 70 + 48 = ☐

11. 80 + 51 = ☐

12. 30 + 86 = ☐

13. 53 + 65 = ☐

14. 72 + 54 = ☐

15. 85 + 34 = ☐

16. 64 + 53 = ☐

17. 41 + 86 = ☐

18. 96 + 21 = ☐

※ 수를 계산할때는 일의 자리부터 계산합니다.

63 두 자릿수 바로 더하기 (3)

소리내 읽기

57 + 68의 계산 (일의 자리의 합과 십의 자리의 합이 10이 넘으면 그 위의 자리로 받아 올림 해줍니다.)

① 일의 자리에 **5**를 적습니다.　② 받아 올림은 위에 작게 표시하고, 십의 자리 수끼리 더한 뒤 **+1(받아 올림)** 해줍니다.

① 일의 자리끼리 더하고 10이 넘으면 받아 올림 표시를 합니다.

$7 + 8 = 15$

$$5\ 7 + 6\ 8 = \underset{2}{1}\ \overset{1}{\underset{5}{}}$$

➡ ② 십의 자리끼리 더한 다음 받아 올림 한 1을 더 더합니다.

$$5\ 7 + 6\ 8 = 1\ \overset{1}{2}\ 5$$

5+6+받아올림한 1 = 12

각자의 자리끼리 더하고, 10이 넘으면 위의 자리수에 +1 해줍니다.

소리내 풀기

아래 문제의 ☐ 에 알맞은 수를 적으세요.

01. 18 + 13 = ☐

02. 34 + 27 = ☐

03. 25 + 46 = ☐

04. 42 + 38 = ☐

05. 66 + 15 = ☐

06. 53 + 29 = ☐

07. 43 + 69 = ☐

08. 65 + 78 = ☐

09. 97 + 25 = ☐

10. 76 + 47 = ☐

11. 89 + 51 = ☐

12. 34 + 86 = ☐

13. 58 + 45 = ☐

14. 76 + 24 = ☐

15. 87 + 46 = ☐

16. 65 + 35 = ☐

17. 43 + 66 = ☐

18. 99 + 79 = ☐

※ 두자리수까지는 옆으로 계산할때 바로 계산하도록 노력합니다.
　세자리부터는 자리수를 맞춰 밑으로 적고, 계산하는 것이 실수를 없애고, 빨리 계산할 수 있습니다.

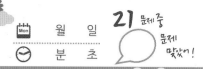

 받아 올림에 주의하면서 바로 계산해 봅니다.

01. 15 + 28 =

02. 47 + 37 =

03. 23 + 19 =

04. 56 + 35 =

05. 39 + 24 =

06. 18 + 56 =

07. 24 + 38 =

08. 68 + 64 =

09. 79 + 31 =

10. 57 + 48 =

11. 49 + 59 =

12. 86 + 87 =

13. 34 + 96 =

14. 98 + 75 =

15. 87 + 53 =

16. 65 + 46 =

17. 44 + 89 =

18. 79 + 37 =

19. 58 + 78 =

20. 93 + 19 =

21. 66 + 94 =

계산해서 값을 적으세요.

01. 18 + 24 =

02. 27 + 46 =

03. 49 + 13 =

04. 36 + 45 =

05. 68 + 27 =

06. 57 + 34 =

07. 79 + 15 =

08. 32 + 80 =

09. 68 + 41 =

10. 24 + 92 =

11. 42 + 84 =

12. 56 + 63 =

13. 14 + 95 =

14. 71 + 76 =

15. 46 + 58 =

16. 34 + 67 =

17. 59 + 49 =

18. 26 + 94 =

19. 63 + 79 =

20. 78 + 85 =

21. 87 + 36 =

확인 (틀린 문제의 수를 적고, 약한 부분을 보충하세요.)

회차	틀린문제수
61 회	문제
62 회	문제
63 회	문제
64 회	문제
65 회	문제

오답노트 (앞에서 틀린 문제나 기억하고 싶은 문제를 적습니다.)

회	번
문제	풀이

회	번
문제	풀이

회	번
문제	풀이

회	번
문제	풀이

회	번
문제	풀이

생각해보기 (배운 내용이 모두 이해 되었나요?)

■ 모두 이해하고 자신있다. → 다음 회로 넘어 갑니다.

■ 1~2문제 틀릴 수는 있겠지만 거의 이해한다.
→ 개념부분을 한번 더 읽고 다음 회로 넘어 갑니다.

■ 잘 모르는 것 같다.
→ 개념부분과 풀이를 한번 더 보고 다음 회로 넘어 갑니다.

66 두 자릿수의 세로 덧셈

59 + 64 의 계산

① 59 + 64를 아래와 같이 적습니다.

② 1의 자리 끼리 더해서 1의 자리에 적습니다.

③ 받아 올림 한 수와 십의 자리 수를 더합니다.

	5	9
+	6	4

1 ← 받아올림한 수

	5	9
+	6	4
		3

일의 자리 합이 10이 넘으면 십의 자리에 받아 올림 해줍니다.

	1	
	5	9
+	6	4
1	2	3

십의 자리의 합이 10을 넘으면 백의 자리로 받아 올림합니다.

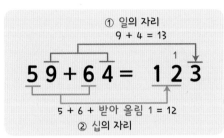

① 일의 자리
9 + 4 = 13

$$5\,9 + 6\,4 = 1\,2\,3$$

5 + 6 + 받아 올림 1 = 12
② 십의 자리

각 자리의 합이 10이 넘으면 위로 받아 올림 해줍니다.

식을 밑으로 적어서 계산하고, 값을 적으세요.

01. 58 + 76 =

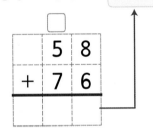

04. 45 + 89 =

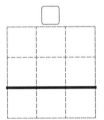

07. 76 + 46 =

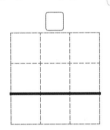

02. 89 + 65 =

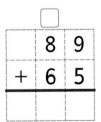

05. 63 + 57 =

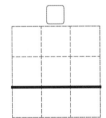

08. 94 + 78 =

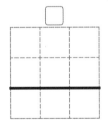

03. 67 + 45 =

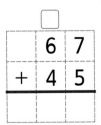

06. 59 + 78 =

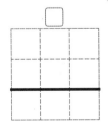

09. 85 + 89 =

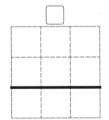

Mon 월 일
⊙ 분 초

20문제 중 ○ 문제 맞았기!

 소리내 풀기

받아 올림에 주의해서 계산해 보세요.

01.
```
    2 3
+   3 6
```

06.
```
    4 8
+   3 4
```

11.
```
    1 0
+   9 6
```

16.
```
    3 2
+   6 8
```

02.
```
    1 5
+   4 2
```

07.
```
    4 5
+   1 6
```

12.
```
    5 3
+   7 5
```

17.
```
    4 6
+   5 4
```

03.
```
    4 1
+   5 4
```

08.
```
    3 7
+   4 9
```

13.
```
    6 2
+   8 4
```

18.
```
    7 9
+   5 4
```

04.
```
    5 4
+   3 6
```

09.
```
    5 9
+   1 8
```

14.
```
    7 5
+   9 3
```

19.
```
    6 7
+   9 5
```

05.
```
    3 7
+   2 5
```

10.
```
    6 3
+   2 7
```

15.
```
    9 1
+   3 4
```

20.
```
    8 9
+   8 6
```

 받아올림에 주의해서 계산해 보세요.

01.
```
    1 4
+   4 6
─────────
```

06.
```
    2 3
+   3 7
─────────
```

11.
```
    4 0
+   5 6
─────────
```

16.
```
    3 6
+   2 7
─────────
```

02.
```
    4 5
+   4 7
─────────
```

07.
```
    5 6
+   6 5
─────────
```

12.
```
    2 7
+   6 4
─────────
```

17.
```
    4 4
+   7 7
─────────
```

03.
```
    3 9
+   5 1
─────────
```

08.
```
    4 2
+   2 4
─────────
```

13.
```
    7 2
+   4 3
─────────
```

18.
```
    2 9
+   6 4
─────────
```

04.
```
    2 6
+   3 7
─────────
```

09.
```
    3 5
+   6 3
─────────
```

14.
```
    8 6
+   1 3
─────────
```

19.
```
    6 7
+   5 8
─────────
```

05.
```
    5 8
+   2 3
─────────
```

10.
```
    7 4
+   8 9
─────────
```

15.
```
    5 5
+   5 5
─────────
```

20.
```
    9 6
+   9 9
─────────
```

이어서 나는 _____

 □ 안에 들어갈 알맞은 수를 적으세요.

01.
```
    3  □
 + □   5
 ─────────
    9  3
```
어떤 수에 5를 더해 3이 되는 값을 구하세요.
□ + 5 = 13
(13에서 5를 빼면 값을 알수 있습니다)

3에서 어떤 수를 더해 9가 되는 값을 구하세요. 3 +받아올림1+□ = 9
(9에서 4를 빼면 값을 알수 있습니다)

05.
```
    2  □
 + □   6
 ─────────
    5  2
```

09.
```
    6  □
 + □   3
 ─────────
 1  0  7
```

02.
```
    5  □
 + □   8
 ─────────
    7  4
```

06.
```
    3  6
 + 1  □
 ─────────
 □   5
```

10.
```
    3  5
 + 6  □
 ─────────
 1  □  3
```

03.
```
    4  4
 + □   6
 ─────────
    9  □
```

07.
```
    7  8
 + □   4
 ─────────
    9  □
```

11.
```
    4  9
 + □   6
 ─────────
 1  3  □
```

04.
```
    6  □
 + 1  2
 ─────────
 □   1
```

08.
```
    5  □
 + 2  7
 ─────────
 □   6
```

12.
```
    5  □
 + 7  3
 ─────────
 1  □  2
```

문제) 우리 학년에 남학생이 **58**명, 여학생은 **62**명이 있습니다. 우리 학년은 모두 몇 명일까요?

풀이) 남학생 수 = 58   여학생 수 = 62

전체 학생 수 = 남학생 수 + 여학생 수 이므로

식은 58+62 이고 값은 120명 입니다.

따라서 학생은 모두 120명 입니다.

식) 58+62   답) 120명

학생수	
남학생 58명	여학생 62명

모두 **?**명

아래의 문제를 풀어보세요.

01. 저번 시험에서 **78**점을 받았습니다. 이번에는 열심히 공부했더니 **22**점 올랐습니다. 이번 시험은 몇점을 받았을까요?

풀이) 저번 시험 점수 = ☐ 점

오른 시험 점수 = ☐ 점

이번 시험 점수 = 저번 점수 ☐ 오른 점수이므로

식은 ☐ 이고

답은 ☐ 점 입니다.

식) ＿＿＿＿＿   답) ☐ 점

02. 책 읽기 시합를 하고 있습니다. 저번주까지 **89**권을 읽었고, 이번주에 **16**권을 읽었으면, 모두 몇 권을 읽었을까요?

풀이) 저번주까지 읽은 수 = ☐ 권

이번주에 읽은 수 = ☐ 권

전체 수 = 저번주까지 읽은 수 ☐ 이번주에 읽은 수

이므로 식은 ☐ 이고

답은 ☐ 권 입니다.

식) ＿＿＿＿＿   답) ☐ 권

03. 학교 앞에 노란꽃이 **78**송이, 빨간꽃이 **54**송이 피었습니다. 노란꽃과 빨간꽃은 모두 몇 송이 피었을까요?

풀이)

(식 2점
답 1점)

식) ＿＿＿＿＿   답) ☐ 송이

04. 내가 문제를 만들어 풀어 봅니다. (두자리수 + 두자리수)

풀이)

(문제 2점
식 2점
답 1점)

식) ＿＿＿＿＿   답) ＿＿＿

확인 (틀린 문제의 수를 적고, 약한 부분을 보충하세요.)

회차	틀린문제수
66 회	문제
67 회	문제
68 회	문제
69 회	문제
70 회	문제

생각해보기 (배운 내용이 모두 이해 되었나요?)

■ 모두 이해하고 자신있다. → 다음 회로 넘어 갑니다.

■ 1~2문제 틀릴 수는 있겠지만 거의 이해한다.
→ 개념부분을 한번 더 읽고 다음회로 넘어 갑니다.

■ 잘 모르는 것 같다.
→ 개념부분과   를 한번 더 보고 다음 회로 넘어 갑니다.

오답노트 (앞에서 틀린 문제나 기억하고 싶은 문제를 적습니다.)

회	번
문제	풀이

회	번
문제	풀이

회	번
문제	풀이

회	번
문제	풀이

회	번
문제	풀이

소리내 읽기

63 − 29의 계산 (일의 자리부터 계산하고 받아내림은 표시해서 바로 뺍니다.)

받아내림을 표시하고 **13−9**의 값을 일의 자리에 적고, **받아내림** 해주고 남은 십의자리 **5−2=3** 을 십의 자리에 적습니다

① 십의 자리에서 10을 빌려(받아내림)하여 계산합니다.

13 − 9 = 4

$\overset{5}{6}3 − 29 = 4$

받아내림 해주면
꼭 줄을 긋고 남은 수를 표시합니다.

➡

② 받아내림 하고 남은 십의 자리끼리 계산합니다.

$\overset{5}{6}3 − 29 = 34$

받아내림 해주고 남은 수 5 − 2 = 3

빼려는 수가
더 커서 뺄수없을
때 십의 자리에서
받아내림 하여
10 더하고 뺍니다.

소리내 풀기

아래 문제의 ☐ 에 알맞은 수를 적으세요.

01. 25 − 6 =

02. 23 − 8 =

03. 36 − 7 =

04. 34 − 5 =

05. 41 − 9 =

06. 42 − 4 =

07. 51 − 4 =

08. 74 − 6 =

09. 63 − 5 =

10. 45 − 7 =

11. 57 − 8 =

12. 72 − 9 =

13. 73 − 36 =

14. 92 − 25 =

15. 65 − 48 =

16. 74 − 57 =

17. 97 − 69 =

18. 86 − 78 =

※ 15-7과 같은 계산이 뺄셈의 기본입니다. 충분히 연습하도록 합니다.

72 받아내림 해서 바로 빼기 (2)

Mon 월 일
분 초

18문제 중
문제
맞았어!

157 − 62의 계산 (일의 자리부터 계산하고 받아내림은 표시해서 바로 뺍니다.)

일의 자리 7−2=5의 값을 일의 자리에 적고, 십의자리 15−6=9을 십의 자리에 적습니다

① 일의 자리의 끼리 빼서 일의 자리에 적습니다.

7 − 2 = 5

1 5 7 − 6 2 = 9 5

➡ ②백의 자리에서 받아내림 하여 계산합니다.

1 5 7 − 6 2 = 9 5

15 − 6 = 9

157을
일의 자리가 7이고
십의 자리가 15인
수라고 생각하고
계산합니다.

 아래 문제의 ☐에 알맞은 수를 적으세요.

01. 20 − 13 = ☐

02. 41 − 32 = ☐

03. 64 − 25 = ☐

04. 53 − 14 = ☐

05. 75 − 37 = ☐

06. 62 − 26 = ☐

07. 42 − 25 = ☐

08. 61 − 47 = ☐

09. 54 − 29 = ☐

10. 86 − 48 = ☐

11. 93 − 36 = ☐

12. 75 − 54 = ☐

13. 155 − 64 = ☐

14. 176 − 53 = ☐

15. 182 − 31 = ☐

16. 164 − 50 = ☐

17. 143 − 82 = ☐

18. 197 − 25 = ☐

※ 150은 백의 자리가 1이고, 십의 자리가 5인 수입니다. 계산할때만 십의 자리가 15라고 생각하고 계산합니다.

이어서 나는 ☐을(를) 공부/연습할거야!   97

157 − 69의 계산 ① (□□+□의 덧셈으로 계산하기)

받아내림을 표시하고 **17−9**의 값을 일의 자리에 적고, **받아내림** 해주고 남은 십의자리 **14−6=8**을 십의 자리에 적습니다

① 십의 자리에서 받아내림 하여 일의 자리끼리 뺍니다.

17 − 9

$1\overset{4}{\cancel{5}}7 - 69 = 8\ 8$

받아내림 해주면
꼭 줄을 긋고 남은 수를 표시합니다.

→

② 백의 자리에서 받아내림 하여 계산합니다.

$1\overset{4}{\cancel{5}}7 - 69 = 8\ 8$

받아내림 해주고 남은 수 14 − 6 = 8

받아내림 한 것을
표시하고 빼줍니다.

157을
일의 자리가 7이고
십의 자리가 15인
수라고 생각하고
계산합니다.

아래 문제의 ▢ 에 알맞은 수를 적으세요.

01. 118 − 32 =

02. 134 − 51 =

03. 125 − 43 =

04. 142 − 70 =

05. 166 − 85 =

06. 159 − 64 =

07. 140 − 69 =

08. 165 − 78 =

09. 112 − 27 =

10. 123 − 46 =

11. 131 − 54 =

12. 134 − 85 =

13. 121 − 65 =

14. 114 − 46 =

15. 137 − 59 =

16. 125 − 37 =

17. 146 − 78 =

18. 168 − 89 =

※ 150은 백의 자리가 1이고, 십의 자리가 5인 수입니다. 계산할때만 십의 자리가 15라고 생각하고 계산합니다.

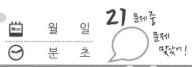

아래 식을 계산하여 값을 적으세요.

01. 12 − 5 =

02. 24 − 8 =

03. 37 − 6 =

04. 41 − 4 =

05. 55 − 7 =

06. 63 − 8 =

07. 76 − 9 =

08. 27 − 15 =

09. 42 − 31 =

10. 51 − 20 =

11. 73 − 42 =

12. 68 − 35 =

13. 35 − 23 =

14. 86 − 14 =

15. 33 − 27 =

16. 27 − 19 =

17. 43 − 15 =

18. 64 − 26 =

19. 55 − 38 =

20. 96 − 17 =

21. 72 − 24 =

소리내 풀기

아래 식을 계산하여 값을 적으세요.

01. $100 - 9 =$

02. $105 - 8 =$

03. $112 - 6 =$

04. $121 - 4 =$

05. $154 - 7 =$

06. $147 - 8 =$

07. $136 - 9 =$

08. $107 - 43 =$

09. $102 - 21 =$

10. $127 - 54 =$

11. $143 - 71 =$

12. $158 - 63 =$

13. $125 - 32 =$

14. $136 - 93 =$

15. $103 - 37 =$

16. $121 - 68 =$

17. $113 - 49 =$

18. $144 - 95 =$

19. $165 - 68 =$

20. $156 - 97 =$

21. $172 - 74 =$

확인 (틀린 문제의 수를 적고, 약한 부분을 보충하세요.)

회차	틀린문제수
71 회	문제
72 회	문제
73 회	문제
74 회	문제
75 회	문제

생각해보기 (배운 내용이 모두 이해 되었나요?)

■ 모두 이해하고 자신있다. → 다음 회로 넘어 갑니다.

■ 1~2문제 틀릴 수는 있겠지만 거의 이해한다.
→ 개념부분을 한번 더 읽고 다음 회로 넘어 갑니다.

■ 잘 모르는 것 같다.
→ 개념부분과 ████ 를 한번 더 보고 다음 회로 넘어 갑니다.

오답노트 (앞에서 틀린 문제나 기억하고 싶은 문제를 적습니다.)

회	번
문제	풀이

회	번
문제	풀이

회	번
문제	풀이

회	번
문제	풀이

회	번
문제	풀이

받아내림이 있는 밑으로 뺄셈 (76회~80회)

76 받아내림이 있는 밑으로 뺄셈

Mon 월 일

⏱ 분 초

9 문제 중

문제 맞혀

소리내 읽기

153 − 69 의 계산

① 153−69를 아래와 같이 적습니다.

② 십의 자리에서 받아내림 해서 일의 자리끼리 뺍니다.

③ 백의 자리에서 받아내림 해서, 빼줍니다.

받아내림 해주고 남은 수 → 4 10 ← 받아내림 받은 수

받아내림 → 10 받은 수 4 10

	1	5	3
−		6	9

받아내림 받아서 13−9=4

받아내림 해주고 받아서 14−6=8

① 일의 자리
13 − 9

$153 - 69 = 84$

14 − 6
② 십의 자리

일의 자리로 10을 받아내림 해주고 백의 자리에서 10을 받아내림을 받아옵니다.

소리내 풀기

식을 밑으로 적어서 계산하고, 값을 적으세요.

01. $124 - 56 = $

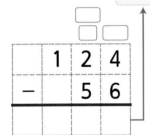

04. $111 - 48 = $

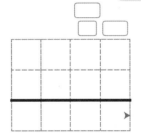

07. $132 - 35 = $

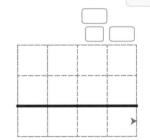

02. $132 - 73 = $

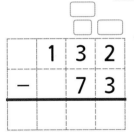

05. $163 - 84 = $

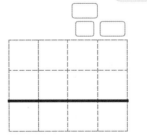

08. $114 - 59 = $

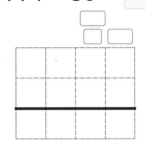

03. $145 - 67 = $

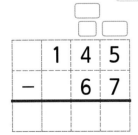

06. $150 - 76 = $

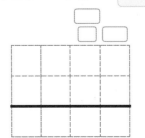

09. $146 - 68 = $

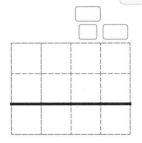

받아내림에 주의하여 계산해 보세요.

01.
```
    5 4
  - 2 1
```

02.
```
    3 5
  - 1 3
```

03.
```
    4 3
  - 3 7
```

04.
```
    7 1
  - 6 5
```

05.
```
    6 2
  - 4 6
```

06.
```
  1 0 9
  -   3 6
```

07.
```
  1 0 5
  -   4 3
```

08.
```
  1 3 6
  -   6 1
```

09.
```
  1 2 4
  -   5 2
```

10.
```
  1 1 3
  -   7 0
```

11.
```
  1 5 0
  -   6 5
```

12.
```
  1 4 3
  -   9 7
```

13.
```
  1 6 2
  -   8 6
```

14.
```
  1 3 5
  -   9 5
```

15.
```
  1 2 4
  -   6 9
```

16.
```
  1 0 0
  -   5 1
```

17.
```
  1 0 0
  -   7 3
```

18.
```
  1 2 6
  -   2 9
```

19.
```
  1 5 3
  -   5 7
```

20.
```
  1 3 1
  -   5 5
```

78 받아내림이 있는 밑으로 뺄셈 (연습2)

받아내림에 주의하여 계산해 보세요.

01.
```
   7 4
-  3 1
```

02.
```
   5 1
-  2 5
```

03.
```
   6 3
-  4 2
```

04.
```
   3 6
-  1 6
```

05.
```
   4 2
-  2 7
```

06.
```
  1 2 4
-   5 0
```

07.
```
  1 3 5
-   4 3
```

08.
```
  1 1 1
-   7 1
```

09.
```
  1 0 2
-   8 4
```

10.
```
  1 4 3
-   6 5
```

11.
```
  1 0 3
-   1 4
```

12.
```
  1 2 4
-   3 2
```

13.
```
  1 4 0
-   6 8
```

14.
```
  1 3 5
-   4 5
```

15.
```
  1 5 1
-   5 8
```

16.
```
  1 1 5
-   5 2
```

17.
```
  1 0 7
-   7 8
```

18.
```
  1 3 8
-   6 5
```

19.
```
  1 2 6
-   5 6
```

20.
```
  1 6 2
-   8 4
```

☐ 안에 들어갈 알맞은 수를 적으세요.

01.

```
    8  [ ]
-  [ ]  5
─────────
    3  7
```

어떤 수에 **5**를 빼서 **7**이 되는 값을 구하세요.
□ − 5 = 7
(7에 5를 더하면 값을 알수 있습니다)

3에서 어떤 수를 빼서 **3**이 되는 값을 구하세요. **8** − □ = **3**
(8에서 3를 빼면 값을 알수 있습니다.
일의 자리에 받아내림한 것을 생각하세요)

02.

```
    5  [ ]
-  [ ]  6
─────────
    1  9
```

03.

```
    9  1
-  [ ]  3
─────────
    2  [ ]
```

04.

```
    6  [ ]
-   1  6
─────────
   [ ]  6
```

05.

```
    7  [ ]
-  [ ]  4
─────────
    5  7
```

06.

```
    6  3
-   1  [ ]
─────────
   [ ]  6
```

07.

```
    8  5
-  [ ]  7
─────────
    5  [ ]
```

08.

```
    9  [ ]
-   3  4
─────────
   [ ]  7
```

09.

```
    6  [ ]
-  [ ]  3
─────────
    2  8
```

10.

```
    4  5
-   1  [ ]
─────────
   [ ]  7
```

11.

```
    5  2
-  [ ]  3
─────────
    2  [ ]
```

12.

```
    9  [ ]
-   5  3
─────────
   [ ]  9
```

80 받아내림이 있는 뺄셈 (생각문제)

문제) 우리 학년 **112**명입니다. 남학생이 **58**명이면, 여학생은 몇 명일까요?

풀이) 전체 학생 수 = 112명   남학생 수 = 58명

여학생 수 = 전체 학생수 − 남학생 수이므로

식은 112−58이고 값은 54명 입니다.

따라서 여학생 수는 54명 입니다.

식) 112−58   답) 54명

학생수	
남학생 58명	여학생 ?명
모두 112명	

아래의 문제를 풀어보세요.

01. 이번 시험에 **100**점을 받기로 부모님과 약속했습니다. 저번 시험에 **89**점을 받았다면, 몇 점을 더 받아야 할까요?

풀이) 목표 점수 = ☐ 점

저번 점수 = ☐ 점

더 받을 점수 = 목표 점수 ☐ 저번 점수 이므로

식은 ☐ 이고

답은 ☐ 점 입니다.

식) _____   답) ☐ 점

02. **150**권 책읽기 시합을 하고 있습니다. 지금까지 **76**권 읽었다면, 몇 권 더 읽어야 할까요?

풀이) 읽어야할 책 수 = ☐ 권

읽은 책 수 = ☐ 권

남는 책 수 = 읽어야 할 책 수 ☐ 읽은 책 수 이므로

식은 ☐ 이고

답은 ☐ 권 입니다.

식) _____   답) ☐ 권

03. 화단에 노란꽃과 빨간꽃 **125**송이를 심기로 했습니다. 지금까지 **76**송이를 심었다면, 몇 송이를 더 심어야 할까요?

(식 2점
답 1점)

풀이)

식) _____   답) ☐ 송이

04. 내가 문제를 만들어 풀어 봅니다. (받아내림이 있는 뺄셈)

☐

(문제 2점
식 2점
답 1점)

풀이)

식) _____   답) _____

106

확인 (틀린 문제의 수를 적고, 약한 부분을 보충하세요.)

회차	틀린문제수
76 회	문제
77 회	문제
78 회	문제
79 회	문제
80 회	문제

오답노트 (앞에서 틀린 문제나 기억하고 싶은 문제를 적습니다.)

회	번
문제	풀이

회	번
문제	풀이

회	번
문제	풀이

회	번
문제	풀이

회	번
문제	풀이

생각해보기 (배운 내용이 모두 이해 되었나요?)

■ 모두 이해하고 자신있다. → 다음 회로 넘어 갑니다.

■ 1~2문제 틀릴 수는 있겠지만 거의 이해한다.
→ 개념부분을 한번 더 읽고 다음 회로 넘어 갑니다.

■ 잘 모르는 것 같다.
→ 개념부분과 틀린문제를 한번 더 보고 다음 회로 넘어 갑니다.

月 Mon 월 일
분 초

17 문제 중 문제 맞춘

 소리내 풀기 제일 앞의 수와 제일 위의 수의 곱을 적은 곱셈표입니다. 곱셈표를 완성하세요.

$2 \times 8 = 8 \times 2$
2×8 의 값과
8×2 의 값은 같습니다.

×	1	2	3	4	5	6	7	8	9
1	1×1=	1×2=							
2	2×1=		6					16	
3		6				18			
4							28		
5									
6									
7								56	
8	16								
9									

$2 \times 8 = 8 \times 2$
2×8 의 값과
8×2 의 값은 같습니다.

점선을 기준으로
접으면 만나는 수들은
같습니다.
확인해 보세요!!!

※ 틀린 문제가 있거나 잘 모르는 곳이 있다면 그것에 해당하는 구구단을 5번 (완전히 외울때까지) 읽거나 적어 봅니다.

아래 곱셈의 값을 ☐에 적으세요.

01.

×	5	9	3	7	1	8	2	4	6
2	2×5=								
5									
8									
4									

02.

×	1	7	6	3	5	9	2	8	4
7									
3									
6									
9									

03. $2 \times 2 =$

04. $4 \times 5 =$

05. $6 \times 6 =$

06. $8 \times 4 =$

07. $1 \times 7 =$

08. $3 \times 8 =$

09. $5 \times 9 =$

10. $7 \times 3 =$

11. $9 \times 5 =$

12. $2 \times 4 =$

13. $9 \times 7 =$

14. $7 \times 6 =$

15. $4 \times 9 =$

16. $5 \times 8 =$

17. $8 \times 1 =$

83 곱셈구구 확인(12)

소리내 풀기 제일 앞의 수와 제일 위의 수를 곱한 값을 적으세요.

01.

×	3	5	7	1
1	→1×3=			
5				
9				
3				

03.

×	4	9	6	2
0	→			
6				
7				
4				

02.

×	9	2	6	8
10				
4				
2				
8				

04.

×	5	3	8	1
11				
8				
6				
9				

05. $9 \times 4 =$

06. $6 \times 2 =$

07. $4 \times 6 =$

08. $2 \times 9 =$

09. $3 \times 1 =$

10. $0 \times 8 =$

11. $9 \times 7 =$

12. $5 \times 6 =$

13. $8 \times 4 =$

14. $1 \times 2 =$

15. $5 \times 7 =$

16. $7 \times 6 =$

17. $9 \times 4 =$

18. $6 \times 9 =$

19. $8 \times 3 =$

※ 틀린 문제가 있다면 그것에 해당하는 구구단을 5번 (완전히 외울때까지) 읽거나 적어 봅니다.

앞의 수에서 위의 수를 곱해서 값을 적으세요.

보기
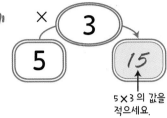
5 × 3 = 15

5 × 3 의 값을 적으세요.

01.
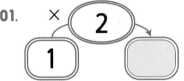

05.
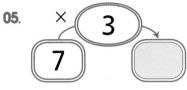

10.
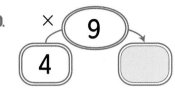

02.
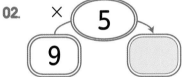

06.
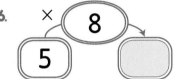

11.
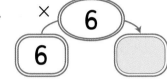

03.
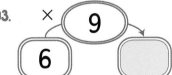

07.
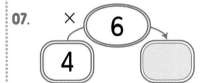

12.
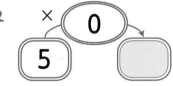

04.
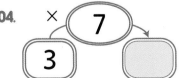

08.
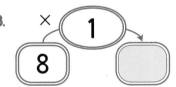

13.
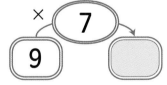

09.
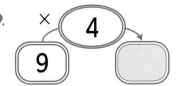

14.
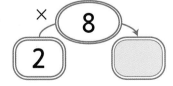

85 곱셈구구 확인(14)

 소리내 풀기

보기와 같이 두수를 곱해서 밑에 적어 보세요.

보기

5	4
20	

↑
5×4 의 값을
적으세요.

05.

2	8

10.

9	3

01.

4	3

06.

7	7

11.

5	7

02.

6	7

07.

3	6

12.

8	8

03.

9	9

08.

1	1

13.

7	11

04.

5	2

09.

8	5

14.

4	10

※ 틀린 문제가 있다면 그것에 해당하는 구구단을 5번 (완전히 외울때까지) 읽거나 적어 봅니다.

확인 (틀린 문제의 수를 적고, 약한 부분을 보충하세요.)

회차	틀린문제수
81 회	문제
82 회	문제
83 회	문제
84 회	문제
85 회	문제

오답노트 (앞에서 틀린 문제나 기억하고 싶은 문제를 적습니다.)

회	번
문제	풀이

회	번
문제	풀이

회	번
문제	풀이

회	번
문제	풀이

회	번
문제	풀이

생각해보기 (배운 내용이 모두 이해 되었나요?)

■ 모두 이해하고 자신있다. → 다음 회로 넘어 갑니다.

■ 1~2문제 틀릴 수는 있겠지만 거의 이해한다.
→ 개념부분을 한번 더 읽고 다음 회로 넘어 갑니다.

■ 잘 모르는 것 같다.
→ 개념부분과 틀린문제를 한번 더 보고 다음 회로 넘어 갑니다.

곱셈 연습 (6) (86회~90회)
86 곱셈구구 확인(15)

위의 숫자가 아래의 통에 들어가면 나오는 수를 계산해서 ▨에 적으세요.

소리내 풀기

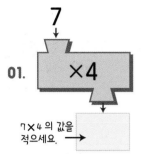

01. 7 ×4   ← 7×4 의 값을 적으세요.

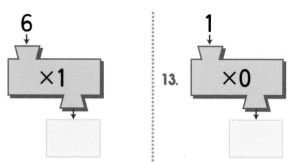

05. 9 ×7   09. 6 ×1   13. 1 ×0

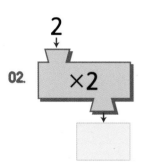

02. 2 ×2

06. 3 ×5

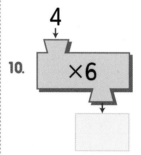

10. 4 ×6

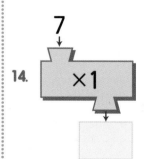

14. 7 ×1

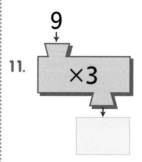

03. 6 ×9   07. 8 ×2   11. 9 ×3   15. 5 ×9

04. 4 ×4   08. 5 ×8   12. 3 ×9

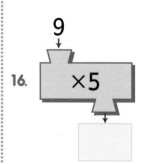

16. 9 ×5

※ 틀린 문제가 있다면 그것에 해당하는 구구단을 5번 (완전히 외울때까지) 읽거나 적어 봅니다.

114

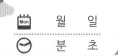

보기와 같이 옆의 두수를 계산해서 옆에 적고, 밑의 두수를 계산해서 밑에 적으세요.

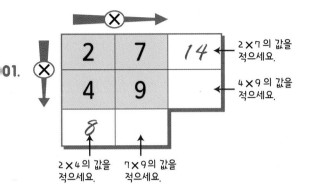

01.

×

2	7	14	← 2×7의 값을 적으세요.
4	9		← 4×9의 값을 적으세요.
8			

2×4의 값을 적으세요.   7×9의 값을 적으세요.

05.

×

6	2	
8	9	

02.

×

8	8	
2	4	

06.

×

9	1	
7	0	

03.

×

5	6	
3	9	

07.

×

1	7	
3	9	

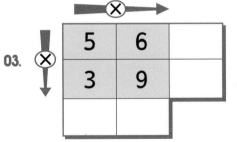

04.

×

7	5	
9	2	

08.

×

4	6	
5	8	

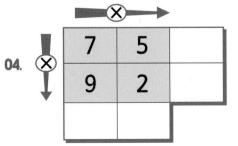

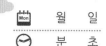

 제일 가운데 수에 옆의 수를 곱해 가장자리에 적으세요.

01.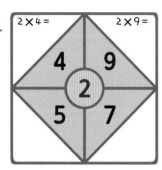

2 × 4 =   2 × 9 =

4   9
2
5   7

02.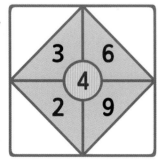

3   6
4
2   9

03.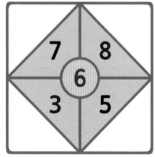

7   8
6
3   5

04.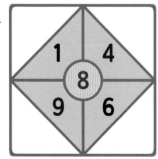

1   4
8
9   6

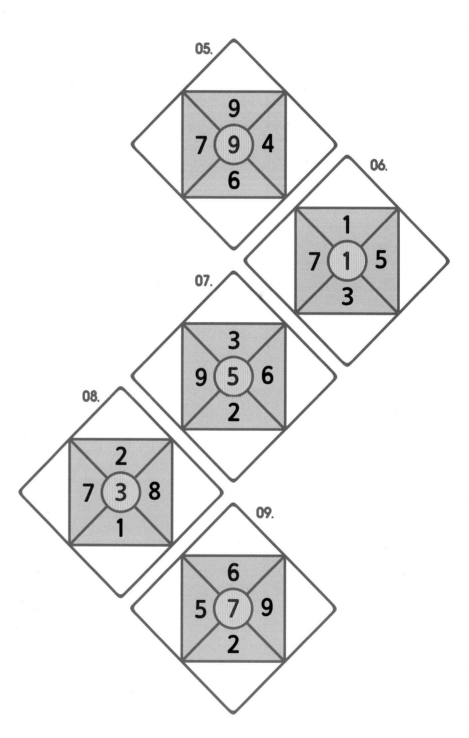

05.

9
7   9   4
6

06.

1
7   1   5
3

07.

3
9   5   6
2

08.

2
7   3   8
1

09.

6
5   7   9
2

※ 틀린 문제가 있다면 그것에 해당하는 구구단을 5번 (완전히 외울때까지) 읽거나 적어 봅니다.

 아래 곱셈표를 완성하고 **3번** 소리내어 읽어 보세요.

[2단]

2 × 1 = 2
2 × 2 =
2 × 3 =
2 × 4 = 8
2 × 5 =
2 × 6 =
2 × 7 = 14
2 × 8 =
2 × 9 =

[3단]

3 × 1 =
3 × 2 =
3 × 3 = 9
3 × 4 =
3 × 5 =
3 × 6 = 18
3 × 7 =
3 × 8 =
3 × 9 = 27

[4단]

4 × 1 =
4 × 2 = 8
4 × 3 =
4 × 4 =
4 × 5 = 20
4 × 6 =
4 × 7 =
4 × 8 = 32
4 × 9 =

[5단]

5 × 1 = 5
5 × 2 =
5 × 3 =
5 × 4 = 20
5 × 5 =
5 × 6 =
5 × 7 = 35
5 × 8 =
5 × 9 =

[6단]

6 × 1 = 6
6 × 2 =
6 × 3 =
6 × 4 = 24
6 × 5 =
6 × 6 =
6 × 7 = 42
6 × 8 =
6 × 9 =

[7단]

7 × 1 =
7 × 2 =
7 × 3 = 21
7 × 4 =
7 × 5 =
7 × 6 = 42
7 × 7 =
7 × 8 =
7 × 9 = 63

[8단]

8 × 1 =
8 × 2 = 16
8 × 3 =
8 × 4 =
8 × 5 = 40
8 × 6 =
8 × 7 =
8 × 8 = 64
8 × 9 =

[9단]

9 × 1 = 9
9 × 2 =
9 × 3 =
9 × 4 = 36
9 × 5 =
9 × 6 =
9 × 7 = 63
9 × 8 =
9 × 9 =

① ② ③

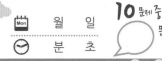
90 곱하기 (생각문제)

소리내 읽기

문제) 승용차에는 바퀴가 **4**개 있습니다. 승용차 **9**대가 있으면, 바퀴는 모두 몇 개일까요?

풀이) 승용차의 바퀴 수 = 4   승용차 수 = 9

전체 바퀴수 = 승용차의 바퀴수 × 승용차 수

이므로 식은 4×9이고 값은 36개 입니다.

따라서 바퀴는 모두 36개 입니다.

식) 4×9   답) 36개

승용차나 자동차는
옆에서 보면 바퀴가
2개 보이지만
뒤쪽에 2개가 더 있어서
바퀴는 모두 4개입니다.

소리내 풀기

아래의 문제를 풀어보세요.

01. 과자 **1**통을 샀더니 안에 **6**봉지가 있었습니다. 같은 과자 **7**통을 사서 모두 꺼내면 몇 봉지가 될까요?

풀이) 과자 1통에 들어 있는 봉지 수 = ☐ 봉지

과자 통 수 = ☐ 통

전체 봉지 수 = 1통의 수 ☐ 과자 통수이므로

식은 ☐ 이고

답은 ☐ 봉지 입니다.

식) ＿＿＿＿＿＿   답) ☐ 봉지

02. 하루에 **5**장씩 수학책을 풀기로 했습니다. **8**일이 지나면 모두 몇 장을 풀었을까요?

풀이) 하루에 푸는 장 = ☐ 장, 푸는 일 수 = ☐ 일

전체 장 수 = 하루에 푸는 장 ☐ 푸는 일수이므로

식은 ☐ 이고

답은 ☐ 장 입니다.

식) ＿＿＿＿＿＿   답) ☐ 장

03. 한번 게임을 하려면 동전 **8**개가 필요합니다. **7**게임을 하려면 동전이 몇 개 필요할까요?

(식 2점
답 1점)

풀이)

식) ＿＿＿＿＿＿   답) ☐ 개

04. 내가 문제를 만들어 풀어 봅니다. (곱하기)

(문제 2점
식 2점
답 1점)

풀이)

식) ＿＿＿＿＿＿   답) ＿＿＿＿

확인 (틀린 문제의 수를 적고, 약한 부분을 보충하세요.)

회차	틀린문제수
86 회	문제
87 회	문제
88 회	문제
89 회	문제
90 회	문제

오답노트 (앞에서 틀린 문제나 기억하고 싶은 문제를 적습니다.)

회	번
문제	풀이

회	번
문제	풀이

회	번
문제	풀이

회	번
문제	풀이

회	번
문제	풀이

생각해보기 (배운 내용이 모두 이해 되었나요?)

■ 모두 이해하고 자신있다. → 다음 회로 넘어 갑니다.

■ 1~2문제 틀릴 수는 있겠지만 거의 이해한다.
→ 개념부분을 한번 더 읽고 다음 회로 넘어 갑니다.

■ 잘 모르는 것 같다.
→ 개념부분과 틀린문제를 한번 더 보고 다음 회로 넘어 갑니다.

소리내 읽기

1주일은 7일, 1달은 30일이나 31일입니다. (2월은 28일이나 29일)

일	월	화	수	목	금	토
			1	2	3	④	5
6	7	8	9	10	⑪	12
13	14	15	16	17	⑱	19
20	21	22	23	24	㉕	26
27	28	29	30	31		

+7 +7 +7 +7

쉬는 공휴일은 붉은색으로 표시합니다.

1주일은 7일입니다.
같은 요일이 7일마다 반복됩니다.

금요일 : 4일 11일 18일 25일
+7일 +7일 +7일

3일에서 1주일이 지나면 10일입니다.
3일 + 1주일 = 10일
3일 + 7일 = 10일

1년은 12개월입니다.

1월부터 12월까지 있고,
각 달의 날짜는 아래와 같습니다.

월	1	2	3	4	5	6
날수	㉛	28	㉛	30	㉛	30

월	7	8	9	10	11	12
날수	㉛	㉛	30	㉛	30	㉛

소리내 풀기

아래의 빈칸에 들어갈 알맞은 수나 글을 적으세요.

01. 달력의 위쪽에는 [　] 이 적혀 있습니다.

요일 밑의 수에 해당하는 수는 모두 같은 요일입니다.

02. 1주일은 [　] 일, 2주일은 [　] 일입니다.

03. 위의 달력에서 5일은 [　] 요일이고,

5일에서 7일 후는 [　] 일, [　] 요일입니다.

5일에서 2주일 후는 [　] 일, [　] 요일입니다.

04. 1년은 [　] 개월, 2년은 [　] 개월입니다.

05. 1시간은 [　] 분 , 1일은 [　] 시간,

한달은 28일 ~ [　] 일이고,

1년은 [　] 개월, 날수(일수)로는 365일입니다.

06. 10일 = 7 일 + [　] 일

= [　] 주일 + [　] 일

= [　] 주일 [　] 일

07. 2주일 3일 = 1 주일 + [　] 주일 + [　] 일

= [　] 일 + [　] 일 + [　] 일

= [　] 일

08. 18개월 = 12개월 + [　] 개월

= [　] 년 + [　] 개월

= [　] 년 [　] 개월

09. 2년 3개월 = [　] 년 + [　] 개월

= [　] 개월 + [　] 개월

= [　] 개월

※ 주먹을 쥐고 각 달의 날짜 구하는 방법을 부모님이나, 선생님께 물어 봅니다.
(주먹의 뛰어나온 부분이 31일까지 있습니다.)

92 표와 그래프로 나타내기

분류한 결과를 표로 만들기

좋아 하는것	아버지	어머니	나	남동생	여동생

좋아 하는 것	🍌	🧁	🍉
사람 수	1	3	1

우리 가족 중 가장 많은 사람이 좋아하는 것은 🧁 입니다.

표를 그래프로 나타내기

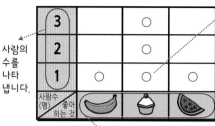

조사한 갯수만큼 아래에서 부터 표시합니다.

사람의 수를 나타 냅니다.

옆의 표를 보고 좋아하는 사람의 수만큼 ○ 표시하여 그래프에 나타냅니다.

과일의 종류를 나타냅니다.

아래 모양을 문제에서 말한 기준으로 분류하고, 표와 그래프를 완성해 보세요.

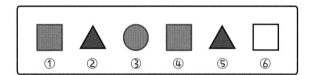

| ① | ② | ③ | ④ | ⑤ | ⑥ |

01. **모양**으로 분류하여 **표**와 **그래프**로 나타내어 보세요.

모양	□	△	○
수 (개)	3		

3	○		
2	○		
1	○		
갯수 (개) \ 모양	□	△	○

02. **색깔**로 분류하여 **표**와 **그래프**로 나타내어 보세요.

모양	검은색	주황색	흰색
수 (개)			

3			
2			
1			
갯수 (개) \ 색깔	검은색	주황색	흰색

아래는 우리 모둠 친구들이 가장 좋아하는 동물을 조사한 것입니다. 물음에 답하세요.

강아지	호랑이	호랑이	곰	호랑이
곰	고양이	강아지	호랑이	강아지

03. 조사한 것을 그래프로 만들어 보세요.

4				
3				
2				
1				
학생수 (명) \ 동물	강아지	고양이	호랑이	곰

04. 우리 모둠 친구들은 모두 몇 명일까요?

05. 우리 모둠 친구들이 좋아하는 동물은 [ ] 종류 입니다

06. 친구들이 가장 많이 좋아하는 동물은 [ ] 이고,
2번째로 많이 좋아하는 동물은 [ ] 입니다.

07. 이렇게 정한 기준에 따라 [ ] 와 [ ] 를
만들면, 결과를 수와 모양으로 표시하게 되어, 구하고자 하는
결과를 쉽게 볼 수 있습니다.

※ 그래프에 표시하는 것은 ○, △, ★, /, ∨,... 으로 표시해도 됩니다.

93 규칙을 찾아 색칠하기

무늬에서 **규칙**을 찾아 색칠할 수 있습니다.

이 되풀이 되는 규칙입니다.

마지막에 있는 에는 오른쪽에 색을 칠해 이 들어갈 수 있습니다.

이 되풀이 되는 규칙에 따라 붙여서 색칠하면 예쁜 무늬를 만들 수 있습니다.

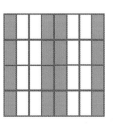

규칙을 찾아 비어있는 모양에 색칠해 보세요.

01.

02.

03.

04.

05.

06.

07.

08.

09. 내가 스스로 규칙을 만들어 색칠해 보세요.

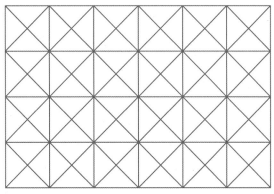

94 모양의 규칙

모양이 놓여있는 **순서(차례)**를 보고 **규칙**을 찾아 말할 수 있습니다.

★모양과 ♡모양이 1개씩 번갈아 가며 놓여있는 규칙

★모양과 ♡모양이 2개씩 번갈아 가며 놓여있는 규칙

★모양이 바깥에 있고, ♡모양이 안에 있는 규칙

★모양 1개와 ♡모양 2개씩 번갈아 가며 놓여있는 규칙

모양이 놓여있는 순서를 보고 규칙을 적어보세요.

01.

☐ 모양과 ◯모양이 ☐ 개씩 번갈아있는 규칙

02.

☐ 모양과 ◯모양이 ☐ 개씩 번갈아있는 규칙

☐ 모양 ☐ 개씩 밖에 있고,

☐ 모양 ☐ 개가 안에 있는 규칙

03.
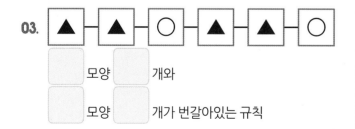

☐ 모양 ☐ 개와

☐ 모양 ☐ 개가 번갈아있는 규칙

04.
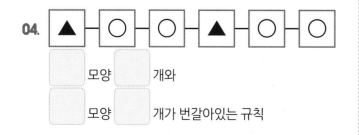

☐ 모양 ☐ 개와

☐ 모양 ☐ 개가 번갈아있는 규칙

05.
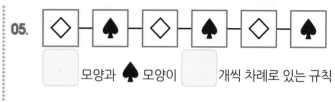

☐ 모양과 ♠모양이 ☐ 개씩 차례로 있는 규칙

06.

☐ 모양과 ♠모양이 ☐ 개씩 번갈아있는 규칙

☐ 모양 ☐ 개씩 밖에 있고,

♠ 모양 ☐ 개가 안에 있는 규칙

07.
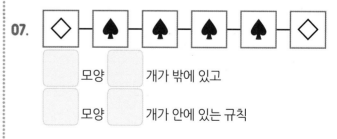

☐ 모양 ☐ 개가 밖에 있고

☐ 모양 ☐ 개가 안에 있는 규칙

08. 내가 스스로 규칙을 정해 ◯, ✕ 모양을 그려보세요.
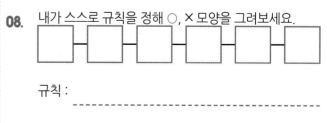

규칙 :
_____

_____

95 표를 보고 규칙찾기

 ## 덧셈표에서 규칙찾기

+	0	1	2	3
0	0	1	2	3
1	1	2	3	4
2	2	3	4	5
3	3	4	5	6

오른쪽 방향으로 수가 1씩 커집니다.
아래쪽 방향으로 수가 1씩 커집니다.
↘ 방향으로 수가 2씩 커집니다.
↙ 방향에 놓인 수들은 같습니다.

표를 그래프로 나타내기

×	1	2	3	4
1	1	2	3	4
2	2	4	6	8
3	3	6	9	12
4	4	8	12	16

↓ 줄 위에 놓인 수들은 2부터 2씩 커집니다.
↘ 줄 위에 놓인 수들은 1부터 3,5,7씩 커집니다.
+2 +2

 ## 아래 표를 보고 규칙을 찾기를 한 것입니다.
☐ 에 알맞은 수나 글을 적으세요.

+	1	3	5	7
1	2	4	6	8
3	4	6	8	10
5	6	8	10	12
7	8	10	12	14

01. ↘ 방향으로 놓인 수들은 ☐ 씩 커집니다.

02. ↙ 방향으로 놓인 수들은 ☐ 입니다.

03. 오른쪽 방향으로 수가 ☐ 씩 커집니다.

04. 아래쪽 방향으로 수가 ☐ 씩 커집니다.

+	5	10	15	20
5	10	15	20	25
10	15	20	25	30
15	20	25	30	35
20	25	30	35	40

05. ↘ 방향으로 놓인 수들은 ☐ 씩 커집니다.

06. ↙ 방향으로 놓인 수들은 ☐ 입니다.

07. 오른쪽 방향으로 수가 ☐ 씩 커집니다.

08. 아래쪽 방향으로 수가 ☐ 씩 커집니다.

×	2	4	6	8
2	4	8	12	16
4	8	16	24	32
6	12	24	36	48
8	16	32	48	64

09. ↓ 줄 위에 놓인 수들은 ☐ 부터 ☐ 씩 커집니다.

10. → 줄 위에 놓인 수들은 ☐ 부터 ☐ 씩 커집니다.

×	1	3	5	7
1	1	3	5	7
3	3	9	15	21
5	5	15	25	35
7	7	21	35	49

11. ↓ 줄 위에 놓인 수들은 ☐ 부터 ☐ 씩 커집니다.

12. ↘ 줄 위에 놓인 수들은 ☐ 부터 ☐ , ☐ , ☐ 가 커집니다.

곱셈구구의 8단

확인 (틀린 문제의 수를 적고, 약한 부분을 보충하세요.)

회차	틀린문제수
91 회	문제
92 회	문제
93 회	문제
94 회	문제
95 회	문제

오답노트 (앞에서 틀린 문제나 기억하고 싶은 문제를 적습니다.)

회	번
문제	풀이

회	번
문제	풀이

회	번
문제	풀이

회	번
문제	풀이

회	번
문제	풀이

생각해보기 (배운 내용이 모두 이해 되었나요?)

■ 모두 이해하고 자신있다. → 다음 회로 넘어 갑니다.

■ 1~2문제 틀릴 수는 있겠지만 거의 이해한다.
→ 개념부분을 한번 더 읽고 다음 회로 넘어 갑니다.

■ 잘 모르는 것 같다.
→ 개념부분과 틀린문제를 한번 더 보고 다음 회로 넘어 갑니다.

524 + 312 의 계산

① 524+312를
아래와 같이 적습니다.

```
    5  2  4
+   3  1  2
```

② 일의 자리끼리
더해줍니다.

```
    5  2  4
+   3  1  2
          6
```

③ 십의 자리끼리
더해줍니다.

```
    5  2  4
+   3  1  2
       3  6
```

④ 백의 자리끼리
더해줍니다.

```
    5  2  4
+   3  1  2
    8  3  6
```

식을 밑으로 적어서 계산하고, 값을 적으세요.

01. 124+253 =

```
    1  2  4
+   2  5  3
```

02. 312+173 =

```
    3  1  2
+   1  7  3
```

03. 209+240 =

```
    2  0  9
+   2  4  0
```

04. 426+160 =

05. 320+347 =

06. 542+221 =

07. 613+305 =

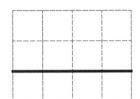

08. 353+532 =

09. 547+241 =

식을 밑으로 적어서 계산하고, 값을 적으세요.

01. 224+452 =

```
    2 2 4
  + 4 5 2
  ─────────
```

02. 132+243 =

```
    1 3 2
  + 2 4 3
  ─────────
```

03. 440+127 =

```
    4 4 0
  + 1 2 7
  ─────────
```

04. 345+303 =

```
    3 4 5
  + 3 0 3
  ─────────
```

05. 411+348 =

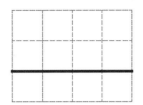

06. 663+124 =

07. 350+246 =

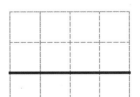

08. 457+321 =

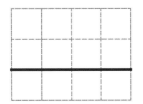

09. 532+135 =

10. 714+263 =

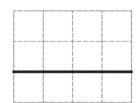

11. 641+130 =

12. 516+483 =

98 세 자릿수의 밑으로 뺄셈

소리내 읽기

524 − 312 의 계산

① 524−312를
아래와 같이 적습니다.

```
  5 2 4
− 3 1 2
─────────
```

② 일의 자리끼리
빼줍니다.

```
  5 2 4
− 3 1 2
─────────
      2
```

③ 십의 자리끼리
빼줍니다.

```
  5 2 4
− 3 1 2
─────────
    1 2
```

④ 백의 자리끼리
빼줍니다.

```
  5 2 4
− 3 1 2
─────────
  2 1 2
```

소리내 풀기

식을 밑으로 적어서 계산하고, 값을 적으세요.

01. 356−124 = ☐

```
  3 5 6
− 1 2 4
─────────
```

02. 573−370 = ☐

```
  5 7 3
− 3 7 0
─────────
```

03. 467−217 = ☐

```
  4 6 7
− 2 1 7
─────────
```

04. 483−121 = ☐

05. 624−503 = ☐

06. 579−257 = ☐

07. 539−430 = ☐

08. 786−376 = ☐

09. 997−625 = ☐

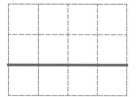

12문제 중 ◯문제 맞았어!

식을 밑으로 적어서 계산하고, 값을 적으세요.

01. 524−156 =

```
    5  2  4
−   1  5  6
─────────────
```

02. 332−273 =

```
    3  3  2
−   2  7  3
─────────────
```

03. 245−167 =

```
    2  4  5
−   1  6  7
─────────────
```

04. 445−367 =

```
    4  4  5
−   3  6  7
─────────────
```

05. 785−245 =

06. 698−581 =

07. 457−436 =

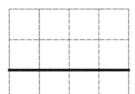

08. 569−123 =

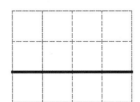

09. 842−530 =

10. 764−652 =

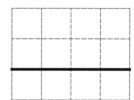

11. 986−364 =

12. 895−463 =

100 세 자릿수의 길이의 계산 (세로셈)

월 일
분 초

6 문제 중
문제
맞았어

소리내 읽기

216cm + 102cm의 계산

① 아래와 같이 적습니다.

    216cm
  + 102cm
  ─────────

② 일의 자리부터 각 자리 수끼리 더합니다.

```
    2 1 6  cm
  + 1 0 2  cm
  ──────────
    3 1 8  cm
```

③ 뒤에 cm 를 꼭 적습니다.

216cm − 102cm의 계산

① 아래와 같이 적습니다.

    216 cm
  − 102 cm
  ─────────

② 일의 자리부터 각 자리 수끼리 뺍니다.

```
    2 1 6  cm
  − 1 0 2  cm
  ──────────
    1 1 4  cm
```

③ 뒤에 cm 를 꼭 적습니다.

소리내 풀기

위의 방법과 같이 세로 셈하여 값을 구하세요.

01. 307cm + 412cm = [   ] cm

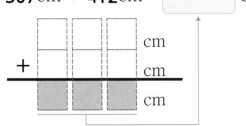

02. 137cm + 360cm = [   ] cm

03. 261cm + 536cm = [   ] cm

04. 450cm − 205cm = [   ] cm

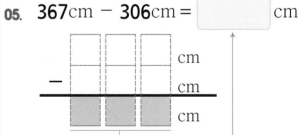

05. 367cm − 306cm = [   ] cm

06. 579cm − 247cm = [   ] cm

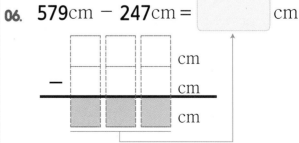

확인 (틀린 문제의 수를 적고, 약한 부분을 보충하세요.)

회차	틀린문제수
96 회	문제
97 회	문제
98 회	문제
99 회	문제
100 회	문제

오답노트 (앞에서 틀린 문제나 기억하고 싶은 문제를 적습니다.)

회	번
문제	풀이

회	번
문제	풀이

회	번
문제	풀이

회	번
문제	풀이

회	번
문제	풀이

생각해보기 (배운 내용이 모두 이해 되었나요?)

■ 모두 이해하고 자신있다. → 다음 회로 넘어 갑니다.

■ 1~2문제 틀릴 수는 있겠지만 거의 이해한다.
→ 개념부분을 한번 더 읽고 다음 회로 넘어 갑니다.

■ 잘 모르는 것 같다.
→ 개념부분과 틀린문제를 한번 더 보고 다음회로 넘어 갑니다.

공부하는 습관 !

하루 10분 수학

4 단계 총정리

2학년 2학기 과정 8 회분

101 총정리 1 (네 자리수)

100부터 10000까지 100씩 뛰어 세기 한 표에 빈칸을 채우고 , 물음에 답하세요.

위

100	200		400		600		800	900	
	1200	1300	1400		1600	1700		1900	
2100		2300	2400			2700	2800		
3100	3200		3400		3600		3800	3900	
4100	4200	4300			4600	4700		4900	
	6200	6300	6400		6600	6700	6800		
7100		7300	7400		7600	7700		7900	
8100	8200		8400		8600		8800	8900	
9100	9200	9300				9700	9800	9900	10000

앞   뒤

아래

01. 백의 자리 수가 3인 수에 ○표 하고, 천의 자리 수가 9인 수에 △ 표시를 하세요.

02. 어떤 수에서 뒤로 2칸을 가면 200이 커집니다. 앞으로 2칸을 가면 [____]이 작아 집니다.

03. 어떤 수에서 아래로 2칸을 가면 2000이 커집니다. 위로 2칸을 가면 [____]이 작아 집니다.

월 일
분 초

17문제 중
문제 맞

 소리내 풀기

제일 앞의 수와 제일 위의 수의 곱을 적은 곱셈표입니다. 곱셈표를 완성하세요.

2×8=8×2
2×8 의 값과
8×2 의 값은 같습니다.

×	1	2	3	4	5	6	7	8	9
1	1×1=	1×2=							
2	2×1=		6					16	
3		6				18			
4							28		
5									
6			⬡						
7			28					56	
8	16						▲		
9									

2×8=8×2
2×8 의 값과
8×2 의 값은 같습니다.

점선을 기준으로 접으면 만나는 수들은 같습니다.
확인해 보세요!!!

$$8 × 2 = 2 × 8 = 16$$

 소리내 풀기

제일 앞의 수와 제일 위의 수를 곱한 값을 적으세요.

아래 방향으로 외우면서 값을 적으세요.

01.

×	9	6	4	2
2	→2×9=			
3				
4				
5				
6				
7				
8				
9				

02.

×	3	8	5	7
2				
3				
4				
5				
6				
7				
8				
9				

03. $4 \times 9 =$

04. $3 \times 6 =$

05. $6 \times 3 =$

06. $8 \times 6 =$

07. $9 \times 7 =$

08. $6 \times 5 =$

09. $5 \times 8 =$

10. $4 \times 1 =$

11. $3 \times 9 =$

12. $7 \times 5 =$

13. $9 \times 8 =$

14. $7 \times 7 =$

15. $2 \times 3 =$

16. $5 \times 4 =$

17. $8 \times 5 =$

 소리내 풀기

제일 앞의 수와 제일 위의 수를 곱한 값을 적으세요.

옆 방향으로 외우면서 값을 적으세요.

01.

×	7	8	6	9
4	4×7=			
6				
8				
3				

03.

×	4	9	7	5
7				
3				
9				
5				

02.

×	6	7	9	8
2				
9				
5				
7				

04.

×	6	2	3	8
8				
2				
6				
4				

05. 2 × 7 =

06. 3 × 8 =

07. 4 × 9 =

08. 5 × 6 =

09. 6 × 3 =

10. 7 × 1 =

11. 8 × 4 =

12. 9 × 3 =

13. 3 × 6 =

14. 4 × 5 =

15. 5 × 9 =

16. 6 × 2 =

17. 7 × 8 =

18. 8 × 7 =

19. 9 × 6 =

제일 앞의 수와 제일 위의 수를 곱한 값을 적으세요.

아래 방향으로 외우면서 값을 적으세요.

01.

×	2	7	4	9
9	→9×2=			
8				
7				
6				
5				
4				
3				
2				

02.

×	3	8	5	6
9				
8				
7				
6				
5				
4				
3				
2				

03. $9 \times 9 =$

04. $8 \times 6 =$

05. $7 \times 3 =$

06. $6 \times 6 =$

07. $5 \times 7 =$

08. $4 \times 5 =$

09. $3 \times 8 =$

10. $2 \times 8 =$

11. $9 \times 9 =$

12. $8 \times 5 =$

13. $7 \times 3 =$

14. $6 \times 7 =$

15. $5 \times 3 =$

16. $4 \times 4 =$

17. $3 \times 5 =$

 제일 앞의 수와 제일 위의 수를 곱한 값을 적으세요.

01.

×	9	8	7	6
6	→6×9=			
7				
8				
9				

내가 편한 방향으로 외우면서 값을 적으세요.

03.

×	4	1	7	5
8				
6				
9				
7				

02.

×	5	4	3	2
6				
7				
8				
9				

04.

×	6	9	3	8
7				
9				
6				
8				

05. $5 \times 4 =$

06. $3 \times 7 =$

07. $9 \times 2 =$

08. $2 \times 3 =$

09. $6 \times 5 =$

10. $4 \times 9 =$

11. $7 \times 6 =$

12. $1 \times 2 =$

13. $8 \times 4 =$

14. $3 \times 7 =$

15. $9 \times 8 =$

16. $5 \times 5 =$

17. $7 \times 4 =$

18. $2 \times 6 =$

19. $4 \times 3 =$

받아 올림을 표시하면서 옆으로 바로 계산해서 값을 적어 보세요.

01. 18 + 24 =

02. 27 + 46 =

03. 49 + 13 =

04. 36 + 45 =

05. 68 + 27 =

06. 57 + 34 =

07. 79 + 15 =

08. 32 + 80 =

09. 68 + 41 =

10. 24 + 92 =

11. 42 + 84 =

12. 56 + 63 =

13. 14 + 95 =

14. 71 + 76 =

15. 46 + 58 =

16. 34 + 67 =

17. 59 + 49 =

18. 26 + 94 =

19. 63 + 79 =

20. 78 + 85 =

21. 87 + 36 =

받아내림을 표시하면서 옆으로 바로 계산해서 값을 적어 보세요.

01. $100 - 9 =$

02. $105 - 8 =$

03. $112 - 6 =$

04. $121 - 4 =$

05. $154 - 7 =$

06. $147 - 8 =$

07. $136 - 9 =$

08. $107 - 43 =$

09. $102 - 21 =$

10. $127 - 54 =$

11. $143 - 71 =$

12. $158 - 63 =$

13. $125 - 32 =$

14. $136 - 93 =$

15. $103 - 37 =$

16. $121 - 68 =$

17. $113 - 49 =$

18. $144 - 95 =$

19. $165 - 68 =$

20. $156 - 97 =$

21. $172 - 74 =$

공부하는 습관 !

하루 10분 수학

가능한 학생이 직접 채점합니다.

틀린문제는 다시 풀고 확인하도록 합니다.

문의 : WWW.OBOOK.KR (고객센타 : 031-447-5009)

4단계 정답지

2학년 2학기 수준

O1회 (12p)

① 1, 1000, 천　② 10, 1000, 천　③ 100, 200
④ 100, 200　⑤ 350, 20　⑥ 3000, 삼천
⑦ 8000, 팔천　⑧ 4000　⑨ 5000, 7000　⑩ 6, 9

틀린 문제는 책에 색연필로 표시하고,
오답노트를 작성하거나 5회가 끝나면 다시 보도록 합니다.

O2회 (13p)

① 5, 2, 4, 3, 오천이백사십삼　② 7154, 칠천백오십사
③ 천, 3000, 백, 500, 십, 70, 일, 6, 삼천오백칠십육
④ 8907, 팔천구백칠　⑤ 1, 9　⑥ 10, 99
⑦ 100, 999　⑧ 1000, 9999

O3회 (14p)

① 3829 (>)　② 1243 (<)　③ 2517 (>)
④ 1078 (>)　⑤ 3526 (**천**, 1 < 3)
⑥ 4548 (**백**, 5 > 2)　⑦ 7056 (**십**, 2 < 5)
⑧ 3157 (**일**, 6 < 7)　⑨ 8520 (**천**, 8 > 0)
⑩ 6526 (**백**, 5 > 3)　⑪ 5481 (**십**, 7 < 8)
⑫ 8520 (**천**, 4 < 8)　⑬ 3697 (**천**, 3 > 1)
⑭ 2005 (**일**, 3 < 5)

O4회 (15p)

① 7321, 1237　② 6540, 4056　③ 7621, 1267
④ 9530, 3059　⑤ 8520, 2058　⑥ 9753, 1357
⑦ 8642, 2046　⑧ 8531, 1035

O5회 (16p)

① 옆을 보세요.　② 100　③ 1000

①

100	200	300	400	500	600	700	800	900	1000
1100	1200	1300	1400	1500	1600	1700	1800	1900	2000
2100	2200	2300	2400	2500	2600	2700	2800	2900	3000
3100	3200	3300	3400	3500	3600	3700	3800	3900	4000
4100	4200	4300	4400	4500	4600	4700	4800	4900	5000
5100	5200	5300	5400	5500	5600	5700	5800	5900	6000
6100	6200	6300	6400	6500	6600	6700	6800	6900	7000
7100	7200	7300	7400	7500	7600	7700	7800	7900	8000
8100	8200	8300	8400	8500	8600	8700	8800	8900	9000
9100	9200	9300	9400	9500	9600	9700	9800	9900	10000

5회가 끝나면 나오는 확인페이지를 잘 적고,
앞에서 적은 확인페이지를 다시보고,
내가 어떤 것을 잘 틀리고, 중요하게 여기는지 꼭 확인해 봅니다

O6회 (18p)

① 5001, 5002, 5003, 5004
② 5014, 5024, 5034, 5044
③ 5144, 5244, 5344, 5444
④ 6444, 7444, 8444, 9444
⑤ 4238, 4239, 4240, 4241
⑥ 2183, 2193, 2203, 2213
⑦ 3826, 3926, 4026, 4126
⑧ 5623, 5625, 5627, 5629
⑨ 5641, 5661, 5681, 5701
⑩ 9998, 9999, 10000, 10001

O7회 (19p)

① 220, 260, 220, 10　② 782, 882, 482, 100
③ 371, 372, 371, 1

※ 하루 10분 수학을 다하고 다음에 할 것을 정할 때
　수학익힘책을 예습하거나, 복습하는 것도 좋습니다.
　수학공부는 교과서, 익힘책, 하루10분수학으로 충분합니다. ^^

08회(20p)

Z 정답 방향

① 2300, 5620, 4710, 7423, 6905, 9004

② 팔천이백사십육, 이천팔, 삼천백, 오천십, 칠천이백사

③ 5829, 9134   ④ 4000, 5990, 8028, 7927

⑤ 2354,2345 7262,918 3076,2999 8731,7812

⑥ 4020,4060 2999,3000 6732,8732 4992,5002

   7999,8000

09회(21p)

① 70   ② 500   ③ 4000   ④ 4570, 사천오백칠십원

⑤ 3460, 삼천사백육십원   ⑥ 7250, 칠천이백오십원

10회(22p)

① 1000, 1000, 2000, 3000, 3000   답) 3000

② 1032,10,2,10,2,1032,1042,1052,1052 답)1052

③ 1000원 지폐2장 = 2000원, 100원 동전5개 = 500원

   2000원 + 500원 = 2500원, 답) 2500원

생각문제의 마지막 번은 내가 만드는 문제입니다.
내가 친구나 동생에게 문제를 낸다면 어떤 문제를 낼지
생각해서 만들어 보세요.
다 만들고, 풀어서 답을 적은 후 부모님이나 선생님에게
잘 만들었는지 물어보거나, 자랑해 보세요^^

11회(24p)

① 28 ② 36 ③ 60 ④ 42 ⑤ 24 ⑥ 76 ⑦ 82

⑧ 68 ⑨ 44 ⑩ 89 ⑪ 78 ⑫ 39 ⑬ 98 ⑭ 62

⑮ 60 ⑯ 97 ⑰ 42 ⑱ 58 ⑲ 61 ⑳ 63 ㉑ 30

12회(25p)

①
31	41	51
54	64	74
75	85	95

②
34	48	60
58	72	84
50	64	76

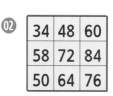

③
52	57	53
80	85	81
39	44	40

④
49	78	60
62	91	73
43	72	54

13회(26p)

① 12 ② 31 ③ 26 ④ 49 ⑤ 69 ⑥ 88 ⑦ 59

⑧ 22 ⑨ 33 ⑩ 21 ⑪ 22 ⑫ 43 ⑬ 43 ⑭ 63

⑮ 15 ⑯ 35 ⑰ 17 ⑱ 8 ⑲ 9 ⑳ 28 ㉑ 34

14회(27p)

정답 방향

①
39	29	19
64	54	44
48	38	28

③
22	20	18
60	58	56
44	42	40

②
53	33	13
86	66	46
74	54	34

④
57	40	16
75	58	34
69	52	28

15회(28p)

① 24,15,16,+,+,24+15+16,55 식) 24+15+16 답) 55

② 32,14,18,−,+,32−14+18,36 식) 32−14+18 답) 36

③ 도넛 수 = 19개, 식빵 수 = 30개, 크림빵 수 = 17개

   전체 개수 = 도넛 수 + 식빵 수 + 크림빵 수 이므로

   식은 19+30+17이고 답은 66개 입니다.

   식) 19+30+17 답) 66

16회(30p)

① 4, 2−4−6−8, 4, 2+2+2+2=8, 8

② 3, 5−10−15, 3, 5+5+5=15, 15

③ 4, 4−8−12−16, 4, 4+4+4+4=16, 16

④ 3, 6−12−18, 3, 6+6+6=18, 18

17회(31p)

① 4, 2-4-6-8, 2+2+2+2=8, 2×4=8

② 4, 3-6-9-12, 3+3+3+3=12, 3×4=12

③ 3, 5-10-15, 5+5+5=15, 5×3=15

④ 3, 6-12-18, 6+6+6=18, 6×3=18

18회(32p)

① 6, 4, 6, 2+2+2=6, 2×3=6

② 12, 6, 12, 6+6=12, 6×2=12

③ 3, 15 ④ 4,5,20 ⑤ 3,6,18 ⑥ 7+7+7+7=28

⑦ 2+2+2+2+2=10

19회(33p)

① 3+3+3+3=12 ② 4+4+4=12 ③ 6+6=12

④ 3×4=12 ⑤ 4×3=12 ⑥ 6×2=12 ⑦ 2×6=12

⑧ 3+3+3+3+3+3=18 ⑨ 6+6+6=18 ⑩ 9+9=18

⑪ 3×6=18 ⑫ 6×3=18 ⑬ 9×2=18

20회(34p)

① 2,6,×,6×2,12 식) 2×6 답) 12

② 5,4,×,5×4,20 식) 5×4 답) 20

③ 1 묶음당 개수 = 4개, 묶음 수 = 3개

전체 수 = 1 묶음당 개수 × 묶음 수 이므로 식은 4×3

이고, 답은 12 입니다.   식) 4×3 답) 12개

21회(36p)

⑥ 14 ⑦ 6 ⑧ 10 ⑨ 12 ⑩ 2 ⑪ 16

⑫ 4 ⑬ 18 ⑭ 8

22회(37p)

⑥ 18 ⑦ 9 ⑧ 27 ⑨ 12 ⑩ 21 ⑪ 6

⑫ 3 ⑬ 15 ⑭ 24

23회(38p)

⑥ 8 ⑦ 4 ⑧ 36 ⑨ 32 ⑩ 20 ⑪ 24

⑫ 12 ⑬ 20 ⑭ 16

24회(39p)

⑥ 30 ⑦ 5 ⑧ 35 ⑨ 25 ⑩ 40 ⑪ 15

⑫ 10 ⑬ 45 ⑭ 20

25회(40p)

③ 14 ④ 32 ⑤ 36 ⑥ 30 ⑦ 18

⑧ 21 ⑨ 32 ⑩ 45 ⑪ 16 ⑫ 15

⑬ 24 ⑭ 35 ⑮ 18 ⑯ 16 ⑰ 25

틀리거나 바로 답을 적지 못했다면 5번 더 외우거나, 써보세요!
곱셈구구는 조금 지겹더라도 지금 확실히 외워야 합니다.
자는 도중에 물어도 답이 나올 수 있도록 외우세요^^

26회(42p)

① 0 ② 0 ③ 0 ④ 0

⑤ 1 ⑥ 7 ⑦ 4 ⑧ 9

⑨ 0 ⑩ 0 ⑪ 99 ⑫ 87

27회(43p)

① 8 ② 15 ③ 12 ④ 45 ⑤ 12 ⑥ 21

⑦ 16 ⑧ 40 ⑨ 10 ⑩ 6 ⑪ 24 ⑫ 35

⑬ 16 ⑭ 18 ⑮ 28 ⑯ 20 ⑰ 14 ⑱ 27

28회(44p)

①

4	6	8	10
6	9	12	15
8	12	16	20
10	15	20	25

③

12	3	21	15
8	2	14	10
20	5	35	25
16	4	28	20

②

12	14	16	18
18	21	24	27
24	28	32	36
30	35	40	45

④

24	36	12	32
18	27	9	24
30	45	15	40
12	18	6	16

⑤14 ⑥24 ⑦36 ⑧30 ⑨18
⑩21 ⑪32 ⑫45 ⑬16 ⑭15
⑮24 ⑯35 ⑰6 ⑱12 ⑲20

29회(45p)

①

18	16	14	12
27	24	21	18
36	32	28	24
45	40	35	30

③

5	25	35	45
2	10	14	18
4	20	28	36
3	15	21	27

②

10	8	6	4
15	12	9	6
20	16	12	8
25	20	15	10

④

12	4	16	6
30	10	40	15
24	8	32	12
18	6	24	9

⑤16 ⑥15 ⑦14 ⑧15 ⑨18
⑩40 ⑪20 ⑫24 ⑬18 ⑭28
⑮35 ⑯32 ⑰27 ⑱12 ⑲45

30회(46p)

③45 ④16 ⑤15 ⑥14 ⑦24
⑧35 ⑨18 ⑩16 ⑪21 ⑫32
⑬36 ⑭30 ⑮18 ⑯24 ⑰25

31회(48p)

⑥6 ⑦24 ⑧42 ⑨18 ⑩30 ⑪48
⑫12 ⑬54 ⑭36

32회(49p)

⑥21 ⑦63 ⑧28 ⑨7 ⑩42 ⑪56
⑫14 ⑬49 ⑭35

33회(50p)

⑥32 ⑦72 ⑧24 ⑨56 ⑩8 ⑪64
⑫16 ⑬48 ⑭40

34회(51p)

⑥45 ⑦27 ⑧81 ⑨9 ⑩63 ⑪36
⑫72 ⑬54 ⑭18

35회(52p)

③42 ④56 ⑤72 ⑥54 ⑦54
⑧49 ⑨64 ⑩81 ⑪48 ⑫35
⑬48 ⑭63 ⑮42 ⑯32 ⑰45

※ 한 페이지를 10분안에 풀지 않아도 됩니다.
풀다보면 빨라지니 시간은 참고만 하세요!!
조금 힘들더라도 꾸준히 하도록 합니다.
곱셈을 처음 외울때는 지겹다고 생각될때까지 연습해야
합니다.

36회(54p)

①50 ②30 ③90 ④70 ⑤11 ⑥77
⑦44 ⑧99 ⑨24 ⑩36 ⑪26 ⑫39

37회(55p)

① 42　② 21　③ 72　④ 63　⑤ 24　⑥ 14

⑦ 8　⑧ 63　⑨ 30　⑩ 63　⑪ 16　⑫ 36

⑬ 12　⑭ 42　⑮ 24　⑯ 54　⑰ 48　⑱ 35

38회(56p)

①
12	18	24	30
14	21	28	35
16	24	32	40
18	27	36	45

③
32	8	56	40
24	6	42	30
36	9	63	45
28	7	49	35

②
36	42	48	54
42	49	56	63
48	56	64	72
54	63	72	81

④
42	63	21	56
54	81	27	72
36	54	18	48
48	72	24	64

⑤ 42　⑥ 56　⑦ 72　⑧ 54　⑨ 18

⑩ 49　⑪ 64　⑫ 81　⑬ 18　⑭ 35

⑮ 48　⑯ 63　⑰ 18　⑱ 28　⑲ 40

39회(57p)

①
54	48	42	36
63	56	49	42
72	64	56	48
81	72	63	54

③
16	40	72	24
14	35	63	21
12	30	54	18
18	45	81	27

②
30	24	18	12
35	28	21	14
40	32	24	16
45	36	27	18

④
24	42	6	48
32	56	8	64
28	49	7	56
36	63	9	72

⑤ 72　⑥ 54　⑦ 18　⑧ 48　⑨ 63

⑩ 30　⑪ 56　⑫ 64　⑬ 81　⑭ 35

⑮ 18　⑯ 49　⑰ 18　⑱ 28　⑲ 40

40회(58p)

③ 35　④ 42　⑤ 81　⑥ 56　⑦ 72

⑧ 42　⑨ 32　⑩ 45　⑪ 49　⑫ 64

⑬ 48　⑭ 54　⑮ 54　⑯ 48　⑰ 63

41회(60p)

×	1	2	3	4	5	6	7	8	9
1	1	2	3	4	5	6	7	8	9
2	2	4	6	8	10	12	14	16	18
3	3	6	9	12	15	18	21	24	27
4	4	8	12	16	20	24	28	32	36
5	5	10	15	20	25	30	35	40	45
6	6	12	18	24	30	36	42	48	54
7	7	14	21	28	35	42	49	56	63
8	8	16	24	32	40	48	56	64	72
9	9	18	27	36	45	54	63	72	81

42회(61p)

① 42　② 6　③ 56　④ 81

⑤ 24　⑥ 24　⑦ 50　⑧ 10　⑨ 0

⑩ 32　⑪ 33　⑫ 24　⑬ 72　⑭ 32

43회(62p)

①
6	10	14	2
18	30	42	6
24	40	56	8
9	15	21	3

③
4	1	7	5
28	7	49	35
20	5	35	25
36	9	63	45

②
36	8	24	32
81	18	54	72
63	14	42	56
45	10	30	40

④
36	54	18	48
48	72	24	64
24	36	12	32
12	18	27	16

05 72 06 48 07 28 08 54 09 10
10 12 11 15 12 14 13 8   14 0
15 56 16 18 17 24 18 42 19 3

05 10 06 45 07 9   08 42 09 12
10 36 11 24 12 12 13 63 14 36
15 21 16 21 17 16 18 40 19 54

44회(63p)

01 54 02 27 03 12 04 16 05 56 06 5   07 28
08 45 09 24 10 48 11 48 12 77 13 40 14 36

45회(64p)

01 56 02 45 03 63 04 48 05 12 06 21
07 24 08 16 09 36 10 42 11 28 12 15
13 12 14 64 15 15 16 54

46회(66p)

41회 (60p) 정답과 같습니다.

47회(67p)

01
```
      14
      32
 8  56
```
02
```
      30
      24
 48 15
```
03
```
      72
      30
 45 48
```
04
```
       5
      70
 35 10
```

05
```
      20
      54
 24 45
```
06
```
      42
      22
 14 66
```
07
```
       0
      81
 27  0
```
08
```
      56
      56
 56 56
```

48회(68p)

01
15	25	35	5
21	35	49	7
9	15	21	3
24	40	56	8

02
18	4	12	16
54	12	36	48
36	8	24	32
81	18	54	72

03
24	6	42	30
36	9	63	45
8	2	14	10
16	4	28	20

04
18	27	9	24
48	72	24	64
30	45	15	40
42	63	21	56

49회(69p)

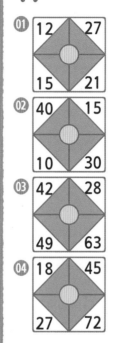
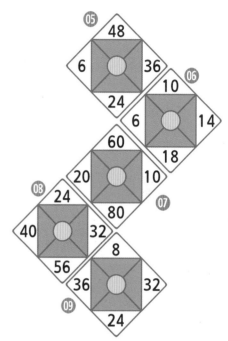

50회(70p)

41회 (60p) 정답으로 확인하세요.

※ 조금 힘들었지만 곱셈구구 완전히 익혔죠^^
지금 완벽하게 곱셈을 익혀야 수학공부를 더 할 수 있습니다.
한글을 알아야 말을 할 수 있듯이 어떤 과목을 공부하기
위해서는 꼭 외워야 하는 것도 있어요^^

51회(71p)

02 m, 100   03 100,10   04 미터, 센티미터
05 25,1,25 06 73,173
07 1,34   08 3,75   09 2,96   10 417
11 640   12 503   13 cm   14 m

52회(73p)

① 200, 48, 2, 48, 2, 48 ② 400, 2, 4, 2, 4, 2

③ 300, 70, 3, 70, 3, 70 ④ 200, 87, 2, 87, 2, 87

⑤ 5, 17, 500, 17, 517 ⑥ 7, 3, 700, 3, 703

⑦ 9, 20, 900, 20, 920 ⑧ 6, 26, 600, 26, 626

53회(74p)

① 3,60 ② 3,80 ③ 4,30

④ 4,90 ⑤ 6,70 ⑥ 6,70 ⑦ 9,50

54회(75p)

① 1,20 ② 2,50 ③ 3,10

④ 3,30 ⑤ 4,50 ⑥ 1,10 ⑦ 6,40

55회(76p)

① 4,40 ② 4,92 ③ 8,36

④ 4,32 ⑤ 2,12 ⑥ 4,42

※ 쉬워서 다 아는 것도 복습을 하는 것이 아주 중요합니다.
복습을 하면 쉽게 잊어 먹지 않습니다.

56회(78p)

① 4,5 ② 6,15 ③ 8,30

④ 12,45 ⑤ 11,10 ⑥ 2,25

⑦ 4,35 ⑧ 10,20 ⑨ 9,50

57회(79p)

① 3,12 ② 5,33 ③ 7,24 ④ 9,36

⑤ 1,29 ⑥ 10,33 ⑦ 12,42 ⑧ 6,59

⑨ 5,1 ⑩ 8,17 ⑪ 50,10 ⑫ 55,5

58회(80p)

59회(81p)

① 3,3,10,10 ② 7,7,30,30

③ 10,20,10,40,20 ④ 8,10,8,50,40

⑤ 6,20,7,20,60 ⑥ 10,30,11,10,40

60회(82p)

① 3,4,10,70 ② 7,8,30,90

③ 10,20,11,40,80 ④ 1,50,60,50,110

⑤ 2,10,120,10,130 ⑥ 60,30,1,30,1,30

⑦ 60,10,1,1,10,2,10

61회(84p)

① 23 ② 20 ③ 25 ④ 24 ⑤ 20 ⑥ 19

⑦ 54 ⑧ 56 ⑨ 40 ⑩ 70 ⑪ 72 ⑫ 86

⑬ 60 ⑭ 61 ⑮ 91 ⑯ 72 ⑰ 90 ⑱ 82

62회(85p)

① 100 ② 100 ③ 130 ④ 100 ⑤ 130 ⑥ 120

⑦ 103 ⑧ 135 ⑨ 119 ⑩ 118 ⑪ 131 ⑫ 116

⑬ 118 ⑭ 126 ⑮ 119 ⑯ 117 ⑰ 127 ⑱ 117

63회 (86p)

① 31 ② 61 ③ 71 ④ 80 ⑤ 81 ⑥ 82
⑦ 112 ⑧ 143 ⑨ 122 ⑩ 123 ⑪ 140 ⑫ 120
⑬ 103 ⑭ 100 ⑮ 133 ⑯ 100 ⑰ 109 ⑱ 178

64회 (87p)

① 43 ② 84 ③ 42 ④ 91 ⑤ 63 ⑥ 74 ⑦ 62
⑧ 132 ⑨ 110 ⑩ 105 ⑪ 108 ⑫ 173 ⑬ 130 ⑭ 173
⑮ 140 ⑯ 111 ⑰ 133 ⑱ 116 ⑲ 136 ⑳ 112 ㉑ 160

65회 (88p)

① 42 ② 73 ③ 62 ④ 81 ⑤ 95 ⑥ 91 ⑦ 94
⑧ 112 ⑨ 109 ⑩ 116 ⑪ 126 ⑫ 119 ⑬ 109 ⑭ 147
⑮ 104 ⑯ 101 ⑰ 108 ⑱ 120 ⑲ 142 ⑳ 163 ㉑ 123

66회 (90p)

① 134 ② 154 ③ 112 ④ 134 ⑤ 120 ⑥ 137
⑦ 122 ⑧ 172 ⑨ 174

밑으로 계산(세로셈)하는 것이 더 빠르고 정확합니다.
수학을 풀때는 간단한 방법으로 빠르고, 정확하게 풀이합니다.
세로셈하는 방법은 3단계(2학년1학기)과정에서 배웠기때문에
답지에는 적지 않았습니다. 앞의 수를 위에 적고, 뒤의 수를 밑에
적어서 계산합니다. 부호도 꼭 적어 주세요.

67회 (91p)

① 59 ② 57 ③ 95 ④ 90 ⑤ 62
⑥ 82 ⑦ 61 ⑧ 86 ⑨ 77 ⑩ 90
⑪ 106 ⑫ 128 ⑬ 146 ⑭ 168 ⑮ 125
⑯ 100 ⑰ 100 ⑱ 133 ⑲ 162 ⑳ 175

68회 (92p)

① 60 ② 92 ③ 90 ④ 63 ⑤ 81
⑥ 60 ⑦ 121 ⑧ 66 ⑨ 98 ⑩ 163
⑪ 96 ⑫ 91 ⑬ 115 ⑭ 99 ⑮ 110
⑯ 63 ⑰ 121 ⑱ 93 ⑲ 125 ⑳ 195

69회 (93p)

① 8, 5 ② 6, 1 ③ 4, 0 ④ 9, 8
⑤ 6, 2 ⑥ 9, 5 ⑦ 1, 2 ⑧ 9, 8
⑨ 4, 4 ⑩ 8, 0 ⑪ 8, 5 ⑫ 9, 3

70회 (94p)

① 78, 22, +, 78+22, 100   식) 78+22   답) 100
② 89, 16, +, 89+16, 105   식) 89+16   답) 105
③ 노란꽃 = 78송이, 빨간꽃 = 54송이
   전체 수 = 노란꽃 수 + 빨간꽃 수 이므로 식은 78+54
   이고, 답은 132 송이입니다.   식) 78+54   답) 132

71회 (96p)

① 19 ② 15 ③ 29 ④ 29 ⑤ 32 ⑥ 38
⑦ 47 ⑧ 68 ⑨ 58 ⑩ 38 ⑪ 49 ⑫ 63
⑬ 37 ⑭ 67 ⑮ 17 ⑯ 17 ⑰ 28 ⑱ 8

72회 (97p)

① 7 ② 9 ③ 39 ④ 39 ⑤ 38 ⑥ 36
⑦ 17 ⑧ 14 ⑨ 25 ⑩ 38 ⑪ 57 ⑫ 21
⑬ 91 ⑭ 123 ⑮ 151 ⑯ 114 ⑰ 61 ⑱ 172

① 86　② 83　③ 82　④ 72　⑤ 81　⑥ 95
⑦ 71　⑧ 87　⑨ 85　⑩ 77　⑪ 77　⑫ 49
⑬ 56　⑭ 68　⑮ 78　⑯ 88　⑰ 68　⑱ 79

74회(99p)

① 7　② 16　③ 31　④ 37　⑤ 48　⑥ 55　⑦ 67
⑧ 12　⑨ 11　⑩ 31　⑪ 31　⑫ 33　⑬ 12　⑭ 72
⑮ 6　⑯ 8　⑰ 28　⑱ 38　⑲ 17　⑳ 79　㉑ 48

75회(100p)

① 91　② 97　③ 106　④ 117　⑤ 147　⑥ 139　⑦ 127
⑧ 64　⑨ 81　⑩ 73　⑪ 72　⑫ 95　⑬ 93　⑭ 43
⑮ 66　⑯ 53　⑰ 64　⑱ 49　⑲ 97　⑳ 59　㉑ 98

76회(102p)

① 68　② 59　③ 78　④ 63　⑤ 79　⑥ 74
⑦ 97　⑧ 55　⑨ 78

77회(103p)

① 33　② 22　③ 6　④ 6　⑤ 16
⑥ 73　⑦ 62　⑧ 75　⑨ 72　⑩ 43
⑪ 85　⑫ 46　⑬ 76　⑭ 40　⑮ 55
⑯ 49　⑰ 27　⑱ 97　⑲ 96　⑳ 76

78회(104p)

① 43　② 26　③ 21　④ 20　⑤ 15
⑥ 74　⑦ 92　⑧ 40　⑨ 18　⑩ 78
⑪ 89　⑫ 92　⑬ 72　⑭ 90　⑮ 93
⑯ 63　⑰ 29　⑱ 73　⑲ 70　⑳ 78

79회(105p)

① 2/4　② 5/3　③ 6/8　④ 2/4
⑤ 1/1　⑥ 7/4　⑦ 2/8　⑧ 1/5
⑨ 1/3　⑩ 8/2　⑪ 2/9　⑫ 2/3

80회(106p)

① 100, 89, −, 100−89, 11　식) 100−89　답) 11
② 150, 76, −, 150−76, 74　식) 150−76　답) 74
③ 심어야 되는 수 = 125송이, 지금까지 심은 수 = 76송이
남은 수 = 심어야 되는 수 − 심은 수 이므로 식은
125−76이고, 답은 49송이입니다. 식) 125−76 답) 49

81회(108p)

41회 (60p) 정답과 같습니다.

※ 앞으로 10회 동안 곱셈 연습으로 확인합니다.
공부에서 복습이 제일 중요하듯 곱셈구구를 복습하는 시간입니다.
틀리거나, 바로 값이 생각나지 않는다면 정확히 외울때까지
적거나, 소리내어 외우도록 합니다.

82회(109p)

①

5	9	3	7	1	8	2	4	6
10	18	6	14	2	16	4	8	12
25	45	15	35	5	40	10	20	30
40	72	24	56	8	64	16	32	48
20	36	12	28	4	32	8	16	24

02

1	7	6	3	5	9	2	8	4
7	49	42	21	35	63	14	56	28
3	21	18	9	15	27	6	24	12
6	42	36	18	30	54	12	48	24
9	63	54	27	45	81	18	72	36

③ 4　④ 20　⑤ 36　⑥ 32　⑦ 7

⑧ 24　⑨ 45　⑩ 21　⑪ 45　⑫ 8

⑬ 63　⑭ 42　⑮ 36　⑯ 40　⑰ 8

83회 (110p)

①
3	5	7	1
15	25	35	5
27	45	63	9
9	15	21	3

③
0	0	0	0
24	54	36	12
28	63	42	14
16	36	24	8

②
90	20	60	80
36	8	24	32
18	4	12	16
72	16	48	64

④
55	33	88	11
40	24	64	8
30	18	48	6
45	27	72	9

⑤ 36　⑥ 12　⑦ 24　⑧ 18　⑨ 3

⑩ 0　⑪ 63　⑫ 30　⑬ 32　⑭ 2

⑮ 35　⑯ 42　⑰ 36　⑱ 54　⑲ 24

84회 (111p)

① 2　② 45　③ 54　④ 21

⑤ 21　⑥ 40　⑦ 24　⑧ 8　⑨ 36

⑩ 36　⑪ 36　⑫ 0　⑬ 63　⑭ 16

85회 (112p)

① 12　② 42　③ 81　④ 10

⑤ 16　⑥ 49　⑦ 18　⑧ 1　⑨ 40

⑩ 27　⑪ 35　⑫ 64　⑬ 77　⑭ 40

86회 (114p)

① 28　② 4　③ 54　④ 16

⑤ 63　⑥ 15　⑦ 16　⑧ 40

⑨ 6　⑩ 24　⑪ 27　⑫ 27

⑬ 0　⑭ 7　⑬ 45　⑭ 45

87회 (115p)

① 14 / 36 / 8 63
② 64 / 8 / 16 32
③ 30 / 27 / 15 54
④ 35 / 18 / 63 10

⑤ 12 / 72 / 48 18
⑥ 9 / 0 / 63 0
⑦ 7 / 27 / 3 63
⑧ 24 / 40 / 20 48

88회 (116p)

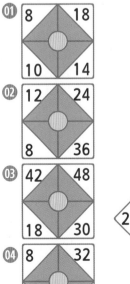
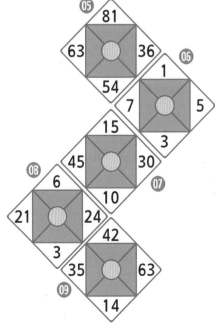

※ 부지불식 일취월장 – 자신도 모르게 성장하고 발전한다.
꾸준히 무엇인가를 하다보면 어느 순간 달라진 나 자신을
발견하게 됩니다.
무엇이든 할 수 있다고 생각하고, 좋은 쪽으로 생각하면
잘하게 되고, 사람도 많이 따르게 됩니다.

89회(117p)

41회 (60p) 정답으로 확인하세요.

90회(118p)

01 6, 7, ×, 6×7, 42   식) 6×7   답) 42

02 5, 8, ×, 5×8, 40   식) 5×8   답) 40

03 1게임당 동전 수 = 8개, 게임 수 = 7개

전체 수 = 1게임당 동전 수 × 게임 수 이므로 식은 8×7
이고, 답은 56 입니다.   식) 8×7   답) 56

※ 이제 곱셈구구 쯤은 자신있죠^^
혹시 아직 틀리거나, 바로 값이 생각나지 않는다면,
마지막으로 5번 정성 들여 적고, 소리내어 5번 읽어 보세요.

91회(120p)

01 요일   02 7, 14   03 토, 12, 토, 19, 토

04 12, 24   05 60, 24, 31, 12   06 3, 1, 3, 1, 3

07 1, 3, 7, 7, 3, 17   08 6, 1, 6, 1, 6

09 2, 3 , 24, 3, 27

92회(121p)

01

모양	□	△	○
수 (개)	3	2	1

3	○		
2	○	○	
1	○	○	○
갯수(개)\모양	□	△	○

02

모양	검은색	주황색	흰색
수 (개)	2	3	1

3		○	
2	○	○	
1	○	○	○
갯수(개)\색깔	검은색	주황색	흰색

03

4			○	
3	○		○	
2	○		○	○
1	○	○	○	○
학생수(명)\동물	강아지	고양이	호랑이	곰

04 10명   05 4

06 호랑이, 강아지

07 표, 그래프

93회(122p)

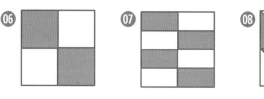

94회(123p)

01 ▲, 1   02 ▲, 2, ▲, 2, ○, 2

03 ▲, 2, ○, 1   04 ▲, 1, ○, 2

05 ◇, 1   06 ◇, 2, ◇, 2, 2

07 ◇, 1, ♠, 4

95회(124p)

01 4   02 같습   03 2   04 2

05 10   06 같습   07 5   08 5

09 4, 4   10 8, 8   11 1, 2   12 1, 8, 16, 24

96회(126p)

01 377   02 485   03 449   04 586   05 667   06 763

07 918   08 885   09 788

97회(127p)

01 676   02 375   03 567   04 648

05 759   06 787   07 596   08 778

09 667   10 977   11 771   12 999

98회(128p)

01 232   02 203   03 250   04 362   05 121   06 322

07 109   08 410   09 372

99회(129p)

① 368 ② 59 ③ 78 ④ 78

⑤ 540 ⑥ 117 ⑦ 21 ⑧ 446

⑨ 312 ⑩ 112 ⑪ 622 ⑫ 432

100회(130p)

① 719 ② 497 ③ 797 ④ 245 ⑤ 61 ⑥ 332

스스로 알아서 하는
하루 10분 수학

4단계(2학년 2학기) 총정리 8회분 정답지

101회(총정리1회,133p)

①

100	200	300	400	500	600	700	800	900	1000
1100	1200	1300	1400	1500	1600	1700	1800	1900	2000
2100	2200	2300	2400	2500	2600	2700	2800	2900	3000
3100	3200	3300	3400	3500	3600	3700	3800	3900	4000
4100	4200	4300	4400	4500	4600	4700	4800	4900	5000
5100	5200	5300	5400	5500	5600	5700	5800	5900	6000
6100	6200	6300	6400	6500	6600	6700	6800	6900	7000
7100	7200	7300	7400	7500	7600	7700	7800	7900	8000
8100	8200	8300	8400	8500	8600	8700	8800	8900	9000
9100	9200	9300	9400	9500	9600	9700	9800	9900	10000

② 200 ③ 2000

102회(총정리2회,134p)

×	1	2	3	4	5	6	7	8	9
1	1	2	3	4	5	6	7	8	9
2	2	4	6	8	10	12	14	16	18
3	3	6	9	12	15	18	21	24	27
4	4	8	12	16	20	24	28	32	36
5	5	10	15	20	25	30	35	40	45
6	6	12	18	24	30	36	42	48	54
7	7	14	21	28	35	42	49	56	63
8	8	16	24	32	40	48	56	64	72
9	9	18	27	36	45	54	63	72	81

103회(총정리3회,135p)

①

×	9	6	4	2
2	18	12	8	4
3	27	18	12	6
4	36	24	16	8
5	45	30	20	10
6	54	36	24	12
7	63	42	28	14
8	72	48	32	16
9	81	54	36	18

②

×	3	8	5	7
2	6	16	10	14
3	9	24	15	21
4	12	32	20	28
5	15	40	25	35
6	18	48	30	42
7	21	56	35	49
8	24	64	40	56
9	27	72	45	63

③ 36 ④ 18 ⑤ 18 ⑥ 48 ⑦ 63

⑧ 30 ⑨ 40 ⑩ 4 ⑪ 27 ⑫ 35

⑬ 72 ⑭ 49 ⑮ 6 ⑯ 20 ⑰ 40

단순사칙연산(덧셈,뺄셈,곱셈,나눗셈)만 연습하기를 원하시면
WWW.OBOOK.KR의 자료실(연산엑셀파일)을 이용하세요.

104회(총정리4회, 136p)

01

28	32	24	36
42	48	36	54
56	64	48	72
21	24	18	27

03

28	63	49	35
12	27	21	15
36	81	63	45
20	45	35	25

02

12	14	18	16
54	63	81	72
30	35	45	40
42	49	63	56

04

48	16	24	64
12	4	6	16
36	12	18	48
24	8	12	32

05 14 **06** 24 **07** 36 **08** 30 **09** 18

10 7 **11** 32 **12** 27 **13** 18 **14** 20

15 45 **16** 12 **17** 56 **18** 56 **19** 54

106회(총정리6회, 138p)

01

54	48	42	36
63	56	49	42
72	64	56	48
81	72	63	54

03

32	8	56	40
24	6	42	30
36	9	63	45
28	7	49	35

02

30	24	18	12
35	28	21	14
40	32	24	16
45	36	27	18

04

42	63	21	56
54	81	27	72
36	54	18	48
48	72	24	64

05 20 **06** 21 **07** 18 **08** 6 **09** 30

10 36 **11** 42 **12** 2 **13** 32 **14** 21

15 72 **16** 25 **17** 28 **18** 12 **19** 12

105회(총정리5회, 137p)

01

×	2	7	4	9
9	18	63	36	81
8	16	56	32	72
7	14	49	28	63
6	12	42	24	54
5	10	35	20	45
4	8	28	16	36
3	6	21	12	27
2	4	14	8	18

02

×	3	8	5	6
9	27	72	45	54
8	24	64	40	48
7	21	56	35	42
6	18	48	30	36
5	15	40	25	30
4	12	32	20	24
3	9	24	15	18
2	6	16	10	12

03 81 **04** 48 **05** 21 **06** 36 **07** 35

08 20 **09** 24 **10** 16 **11** 81 **12** 40

13 21 **14** 42 **15** 15 **16** 16 **17** 15

107회(총정리7회, 139p)

01 42 **02** 73 **03** 62 **04** 81 **05** 95 **06** 91 **07** 94

08 112 **09** 109 **10** 116 **11** 126 **12** 119 **13** 109 **14** 147

15 104 **16** 101 **17** 108 **18** 120 **19** 142 **20** 163 **21** 123

108회(총정리8회, 140p)

01 91 **02** 97 **03** 106 **04** 117 **05** 147 **06** 139 **07** 127

08 64 **09** 81 **10** 73 **11** 72 **12** 95 **13** 93 **14** 43

15 66 **16** 53 **17** 64 **18** 49 **19** 97 **20** 59 **21** 98

이제 2학년 2학기 원리와 계산력 부분을 모두 배웠습니다.
이것을 바탕으로 서술형/사고력 문제도 자신있게 풀어보세요!!!

수고하셨습니다.